国外土木建筑工程系列

建筑的振动（理论篇）

[日] 西川孝夫　荒川利治　久田嘉章　曾田五月也　藤堂正喜　著
王　磊　孙林娜　译

中国建筑工业出版社

著作权合同登记图字：01-2015-2996 号
图书在版编目（CIP）数据

建筑的振动．理论篇 /（日）西川孝夫等著；王磊，孙林娜译．— 北京：中国建筑工业出版社，2020.7
（国外土木建筑工程系列）
ISBN 978-7-112-25224-4

Ⅰ.①建… Ⅱ.①西… ②王… ③孙… Ⅲ.①建筑结构—结构振动 Ⅳ.① TU311.3

中国版本图书馆 CIP 数据核字（2020）第 096525 号

责任编辑：率 琦 白玉美
责任校对：赵 菲

国外土木建筑工程系列
建筑的振动（理论篇）
[日] 西川孝夫 荒川利治 久田嘉章 曾田五月也 藤堂正喜 著
王 磊 孙林娜 译
*
中国建筑工业出版社出版、发行（北京海淀三里河路9号）
各地新华书店、建筑书店经销
北京点击世代文化传媒有限公司制版
北京京华铭诚工贸有限公司印刷
*
开本：787毫米×1092毫米 1/16 印张：6½ 字数：167千字
2021年3月第一版 2021年3月第一次印刷
定价：**48.00**元
ISBN 978-7-112-25224-4
（35852）

前　言

建筑振动学是很难掌握的学科之一，会用到微分方程、三角函数、复数等，因此在工程系统中，学习建筑的学生往往对与数学相关的学科敬而远之。但是，我们生活的日本是一个地震频发的国家，据说世界上发生的地震其能量的四分之一左右都会影响日本，因此，日本的结构设计主流是地震安全设计，即所谓的抗震设计，到目前为止，采用将地震力转换为静态力，只要知道静态结构力学就可以进行抗震设计的体系。很多人认为振动理论用于摩天大楼等特殊建筑的设计，但是几乎没有教科书和参考书能以通俗易懂的方式向学生解释。从截至目前的许多地震破坏分析可以看出，基于振动理论的动力学设计对于所有建筑物的抗震设计都是必要的。特别是当结构设计转向基于性能的设计时，越来越需要准确地掌握结构的地震行为；此外，还准备了许多响应分析工具，使设计人员更容易使用。本书还准备了一个实际解决运动方程（计算响应）的程序，并且可以从 Asakura Shoten 的主页下载。

在高中时代学到的微分方程是什么？微分方程实际上是一个表达物理现象的表达式，例如与运动（变形）相关的振动函数等。因此本书的开头写着通过解开这些现象就能定量地理解振动的状态，同时还写明在一定条件下该解答可以用三角函数表示，这就是当我们开始在本书中充分阐释数学（物理学）与建筑振动之间的关系时，为什么不像许多参考书那样从解释运动方程中突然引出解决方案，为什么我们专注于解释如何引导这些解决方案的原因。在引入复杂表达式的情况下，附录中列出了要点（如公式），因此有些人可能会感觉啰唆，这种情况下，可以跳过该部分继续阅读。

《建筑标准法》于 2000 年修订并颁布，与此同时，动态设计的要素被纳入结构范畴，作为结构设计的一部分。可以毫不夸张地说，除非不再采用振动理论，否则无法顺利进行抗震设计。

本书针对建筑初学者，尽可能简单地解释振动理论。对于未来希望从事建筑设计的学生来说，为了获得建筑师的资格，也可以学习本书以便进一步进行建筑抗震设计。对于未来从事结构设计的学生，希望本书能成为进一步研究的基础。

本书为所有作者共同讨论并总结的成果，主要执笔人为：西川孝夫（第 1 章）、荒川利治（第 2 章）、久田嘉章（第 3 章）、曾田五月也（第 4 章）、藤堂正喜（第 5 章）。

作者代表

西川孝夫

2004 年 12 月

目 录

绪　论

a. 摘要

在日本，作为恐怖事物的代名词，像“地震、雷击、火灾，严父”这类经常使用的词语一样，地震自古以来就是最具代表性的恐怖事物之一。日本有文字记载的最早发生的地震灾害为《日本书记》中允恭天皇 5 年 7 月 14 日（公元 416 年 8 月 23 日）的河内地震。此后，历史书中有很多次地震灾害的记述，即使在明治维新之后（过去 100 年间），如表 0.1 所示，也有很多地震灾害发生，尤其是 1995 年兵库县南部地震所引起的地震灾害至今令人记忆犹新。

那么，为了使建筑物能够抵抗地震，就有必要事先了解当地震造成建筑物晃动时，建筑物的晃动模式以及可以抵御多大强度的地震。计算建筑物晃动的方法称为**振动解析（动态分析）**，通过 1981 年《建筑标准法》的修订，将其从之前的弹性设计变更为考虑建筑物承载能力的设计法，并在 1998 年标准法修订后引入了性能设计，考虑了地震的晃动作用，最终确定了建筑物需保持的最终抗震性能（极限强度、临界变形）。

地震灾害与抗震设计法的变迁关系（科学年历的修正）　　**表 0.1**

公历	（震级 M：死亡失踪人数）
1880 年	
1886 年造家学会成立	
1891 年浓尾地震	（8.0 ： 7273）
震灾预防调查会	
1900 年	
1906 年旧金山地震	
1910 年	
1916 年佐野利器《房屋抗震结构理论》	
1920 年	
内藤多仲《框架建筑的抗震结构》	
1923 年关东地震	（7.9 ： 142807）
1924 年市街地建筑物法修正（烈度 k=0.1）	
柔刚之争　佐野利器 vs 真岛健三郎	
1930 年	
RC 结构计算规范	
D 值法	
容许应力设计	
1940 年	
钢结构计算标准	
1944 年东南海地震	（8.0 ： 998）
1946 年南海地震	（8.1 ： 1432）
1948 年福井地震	（7.3 ： 3895）
1950 年	
1950 年建筑标准法及实施令制定	
（烈度 k=0.2）	
东京塔	
1960 年	
1963 年建筑标准法修订（取消高度限制）	
1964 年新潟地震	（7.5 ： 26）
1968 年十胜冲地震	（7.9 ： 52）
霞关大厦	
1970 年	
1971 年建筑标准法实施令修订	
1975 年大分县中部地震	（6.4 ： 0）
1977 年既有建筑物的抗震诊断标准 ・加固指南	
1978 年伊豆大岛近海地震	（7.0 ： 25）
1978 年宫城县冲地震	（7.4 ： 28）
1980 年	
1981 年建筑标准法实施令修订	
极限强度设计	
隔震结构 减震结构	
1983 年日本海中部地震	（7.7 ： 104）
1990 年	
1993 年钏路冲地震	（7.8 ： 2）
1993 年北海道西南冲地震	（7.8 ： 230）
1994 年北海道东方冲地震	（8.1 ： 0）
1994 年三陆冲地震	（7.5 ： 3）
1995 年兵库县南部地震	（7.2 ： 6310）
1998 年建筑标准法修正（性能规范化）	
2000 年	
2000 年鸟取县西部地震	（7.3 ： 0）
2001 年芸予地震	（6.4 ： 2）
2003 年宫城县冲地震	（7.0 ： 0）
2003 年宫城县北部地震	（6.2 ： 0）
2003 年十胜冲地震	（8.0 ： 0）
2004 年新潟县中越地震	（6.8 ： 39）

20世纪50年代中期以后大型计算机开始出现，使得运算量巨大的计算得以在短时间内完成，因此，工程实践中应用振动解析理论研究建筑物的晃动规律成为可能。由此，1969年建成了日本第一座摩天大楼——霞关大厦，之后超高层建筑如雨后春笋般相继出现。

上述建筑物全部计算了地震时的晃动，并针对晃动选取了计算后认为安全的构件截面等。另外，在上述有些建筑物的中间以及地下部分设置了强震计，用于在实际地震中测定建筑物和地基的晃动以及测定过去数次地震所造成建筑物的晃动。一般来说，如“1.5结构建模”所述，建筑物的实际晃动和通过晃动计算所得的计算值之间基本能很好地对应。在理论计算上，如果合理的假定能对地震时的安全性进行证明，则可以说在实际中也能保证建筑物的抗震安全性。因此，动态设计对于抗震设计来说是必不可少的，有必要事先理解以动态设计为基础的建筑物在地震时晃动的计算理论和方法，这将是针对建筑设计的一个必要条件。

因此，在理解了日本抗震设计的发展历程后，振动理论的学习显得尤为重要。

b. 抗震设计法的变迁

在明治维新以前，日本的抗震技术被认为是由工匠们从多次地震引起的灾害经验中提炼总结的。例如，图0.1所示的五重塔具有良好的抗震性能，历经数次地震依然屹立不倒，即使是现在，也值得对这种优良抗震性能的原因在学术上进行探索研究。虽然考虑了组合规格引起阻尼性能以及中心柱的悬挂引起减震效果等，但其作用机理并不十分明确。此外，在江户时代早期彦根城地震期间建造的建筑物也很有名。这个建筑物整体位于一个大岩盘上，基础设计为船底形状，因而具有良好的减震效果，上层建筑物在建造时也采用轻型化设计，这些都符合当前减震结构、隔震结构等的要求，作为尚无振动理论年代的建筑物，着实让人惊叹不已。

明治维新后，西方的自然科学引入日本，以这些自然科学方法为基础，吸取了浓尾地震、美国

图 0.1 醍醐寺的五重塔（东京都立大学 藤田香织提供）

旧金山地震等明治以后发生的众多地震灾害的教训，日本的抗震技术变得更加现代化与合理化。

1916年，佐野利器发表了《房屋抗震结构理论》，文中针对地震力的计算提出了设计地震烈度。**地震烈度**是建筑物产生的加速度除以地面运动的加速度得出的，然后将其乘以建筑物的重量，将动态惯性力（地震力）转换为静态水平力，这被称为**地震烈度法**，从此，其作为抗震设计法中地震力最基本的处理方式得以应用。

1923年关东大地震之后，《市街地建筑物法》被修订，在世界上最早引入抗震计算的规定。虽然使用了水平设计烈度为0.1（以上），但是响应的概念是否明确还不清楚。而且，此后不久就发生了著名的柔刚之争，那时对于任意外力的响应尚无法计算，但当时这个问题能得以讨论却显得意味深长。

1950年，《建筑标准法》取代《市街地建筑物法》得以制定，在材料的容许应力提升大约1倍的同时，设计水平烈度也加倍变为0.2（以上）。

1952 ~ 1954年，棚桥谅、小堀铎二等人针对摩天大楼的抗震性能进行了动态分析研究。此外，1960年前后武藤清等通过引入电子计算机，在国铁东京站超高层化的《适当烈度的研究》中，首

次对 24 层结构物的地震动响应性状进行了具体定量的讨论。从 1961 年起，通过计算机模拟对实际结构物的弹塑性地震响应进行分析，开始研究动态考虑建筑物产生震动力的设计方法，并将振动理论与抗震计算联系起来。

1963 年公布了修订的以容积地域制为中心的《建筑标准法》，废除了超过 31m 建筑物的高度限制。针对此事，日本建筑学会发表了《高层建筑技术指南》，动态分析得以迅速普及。因此在 1968 年才得以看到 36 层霞关大厦的竣工，众所周知从那以后超高层建筑陆续建成。随着强震记录的积累、动态分析方法的普及以及电子计算机的快速发展等，采用振动理论的动态设计法在超高层大楼和核电站等一部分建筑物中发展起来。然而，根据 1968 年十胜冲地震中多数钢筋混凝土建筑物遭受破坏（图 0.2）的教训，基于建筑标准法为基础的静态容许应力设计法只适用于一般建筑物设计。人们强烈认识到将超高层的分析方法（动态设计法）推广扩展到中低层建筑中是十分必要的。

伴随着地震灾害教训的总结、抗震技术的进步、强震记录的积累、电子计算机的长足进步等，1981 年《新抗震设计法》开始实施。虽然它是一种静态设计方法，但却引入了动态设计方法的思想，以结构物的持久性能超过地震时的响应为目标是这种设计方法的特征。水平力是地震层间剪切系数和结构物黏性相关指标以及表示地基特性的指标等的乘积。建筑物高度方向剪切系数的分布反映了结构物周期函数的振动特性。此外，对于发生相对频繁的中小地震（转化为地表加速度 80 ~ 100gal），进行容许应力设计；对于极其偶然发生的大地震（转化为地表加速度 300 ~ 400gal），则确认其抗侧承载力，并进一步对层间变形角、剪切弹性模量、偏心率等进行探讨，确认建筑物的安全性。

在设计时考虑到建筑物的最终性能，这种设计方法可以说是一种不同于传统的设计法。它的总体有效性在 1995 年兵库县南部地震中几乎得以证明。图 0.3 为受灾比较严重的兵库县三宫市建

图 0.2　1968 年十胜冲地震引起的建筑灾害

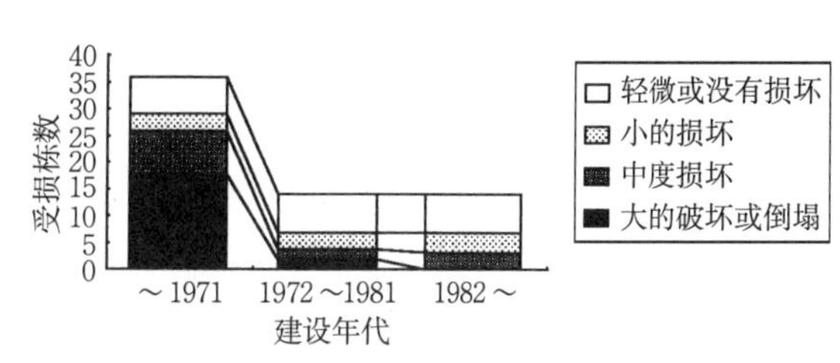

（a）不同建设年代混凝土建筑物的受损数量

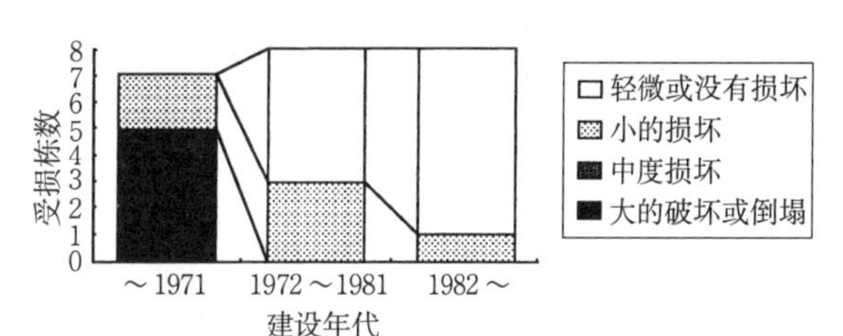

（b）不同建设年代钢结构建筑物的受损数量

图 0.3　1995 年兵库县南部地震中不同建设年代建筑物的受损栋数（日本建筑学会近畿分会调查）

筑物损害调查的案例，可以看出由于建筑标准法制定年份的不同，所造成的建筑物损害数量的比例也是不同的，并且可以借此了解 1981 年制定的《建筑标准法》对建筑物抗震性的影响程度。

然而，将地震力转换为静态水平力（世界上地震国家的抗震规定基本上都在使用静态置换法）并不是完全的动态设计。因为较难确认建筑物的变形，而且这次修订的《建筑标准法公告》也不一定要求时程响应，因此不能完全确认像底层架空式结构这种建筑物复杂的振动性能和安全性，上述情况通过兵库县南部地震的建筑物受损情况可以明显看出（图 0.4）。今后，在复杂建筑物的抗震设计中，必须对建筑物在地震时的预想变化

图 0.4　1995 年兵库县南部地震灾害案例
（底部架空部分破坏）

轨迹进行精密的推定，且有必要将动态安全设计方法，即能够显示性能的动态设计方法纳为主流。而且，目前计算工具已相当完善，只要知道振动理论的梗概，就容易使用那些工具进行建筑物的振动解析。甚至从 20 世纪 80 年代起开始在建筑物中采用的隔震结构系统和减震结构系统作为地震时控制建筑物结构晃动、提高建筑物抗震安全性的新技术而备受瞩目，这些系统也得以快速应用到建筑结构中。如果掌握振动理论的基础，就可以很容易理解这些地震的效果，本书也会进行相关解释说明。

因此，在地震国日本，如何掌握地震时建筑物的晃动规律以及如何抗震控制将是建筑结构设计的重点。另外，最近在高层建筑物的抗风安全性和居住性方面时有问题发生。因此，本书不仅记述了地震的相关问题，也涉及了风荷载所引起的振动问题。

表 0.1 为抗震设计法的年代变迁，清楚地显示了与地震受害（地震的规模和死亡人数）的关联。再者，即使是死亡人数较少的地震，也存在着很多建筑物的损害问题，这一点毋庸置疑。

c. 本书的构成

本书以初学者为对象，尽量通俗易懂地记述了将来有可能成为主流的动态设计振动分析理论。因此，为了使结论以易于表达的形式表现出来，特将复杂公式的展开等作为附录。此外，如果以实际的抗震设计为目的，就必须提及建筑物在地震时所能承受的建筑物性能（弹塑性），内容的难度也会增加，因此以小地震作用下建筑物不受损害的范围（弹性）为基础的设计作为本书的研究对象。这样一来，建筑物产生的变形和地震力之间的关系就能以简单的关系式进行关联，使内容较易理解。但是，正因如此才会多少出现理论上不能进行说明的部分，推荐有兴趣的读者结合振动理论相关的专业书籍一并参考。

第 1 章主要介绍用于理解振动理论所需的相关专业术语，以及结构模型的基础知识。第 2 章以具体的单自由度系统（主要是表现单层建筑物的振动）为对象，详细描述了振动的计算方法和振动影响作用下结构物物理特性的关系等，这是振动理论最基础的部分。

第 3 章将第 2 章的理论扩展到多自由度系统理论进行说明。**多自由度系统**是指振动的自由度有两个以上，比如，2 层及以上建筑物水平方向上的振动，或者单层建筑物水平两个方向分量和楼板的旋转分量同时产生即所谓的扭转振动（单层 3 自由度）等的表现模型。例题为了便于理解针对两个自由度，即 2 层的建筑物，对于扭转振动，以单层建筑物为对象。通过手动计算进行公式的开展以遵循振动状态。第 4 章作为主要部分，介绍了实际振动的计算（响应计算）理论，如前所述，随着计算机的发展，响应计算进行得简便而快速，在对其相关理论介绍的同时，也会介绍具体的程序（朝仓书店的官网中有公开），第 5 章介绍了前面学习的振动理论如何运用于实际的抗震设计法。如之前介绍的那样，建筑物的设计也需要以超过弹性范围的塑性领域为对象，本书虽然仅涉及弹性部分，但在内容上也有意识地描述了现有的抗震设计法概况。文末的附录中列出了各章节中出现的表达式等展开时所需要的公式。

第 1 章　建筑振动理论的基础知识

1.1　动态分析所需的预备知识

接下来对要介绍的振动理论（动态理论）所需的基本事项进行大致说明。

所谓**动态分析**（dynamic analysis），是指因地震等动态外力（参照“1.2 动态外力的种类”）所引起的建筑物晃动以振动理论为基础的理论计算。这种动态意味着要处理的对象是时间的函数（time varying）。也就是说施加给结构的力的大小、方向、作用点随着时间发生变化，由此在结构中产生应力（在组成结构的材料中传递的力）和变形也将随时间改变。动态分析的目的是计算随时间变化的应力和变形，根据计算的应力和变形，在检查材料安全性的同时进行结构设计的方法被称为**动态设计法**（dynamic design）。此外，还有一种基于静态分析的**静态设计法**（static design），在该方法中，通过对结构施加一定的外力分析应力和变形，并针对其安全性进行设计，这里其应力和变形等不是时间的函数，常用的结构设计（structural design）方法就是基于这种静态分析。

基于动态分析的动态设计，由于外力是时间的函数，随着时间的推移而变化，因此与静态分析相比，不得不依靠高速的电子计算机进行大量的计算。然而在本书中，将重点放在通过简单的方法（或者手动计算）就能粗略计算出建筑物的晃动（**响应**；response）的方法上面。

1.2　动态外力的种类

结构总是受到动态的外力（dynamic loading）作用，这些动态外力大致可以分为以下两种类型。

a. 周期荷载

一段时间内在结构上作用的重复相同状态的外力称为**周期荷载**（periodic loading）或者在数学上称为**简谐荷载**。比如，发动机的旋转等使结构产生振动的外力就是这种周期荷载，其形态如图 1.1 所示，图中，纵坐标为发动机旋转对结构所产生的振动力 $P(t)$（此处外力 P 是时间 t 的函数），横坐标为时间 t，图中表示的是外力随时间的变化过程。这种根据时间的变化用图表示外力或者应力、变形等结构物响应的变化状态称为**时程**（time history），在进行动态分析的时候经常使用此图。

b. 非周期荷载

像地震一样由地面运动充当外力使结构物产

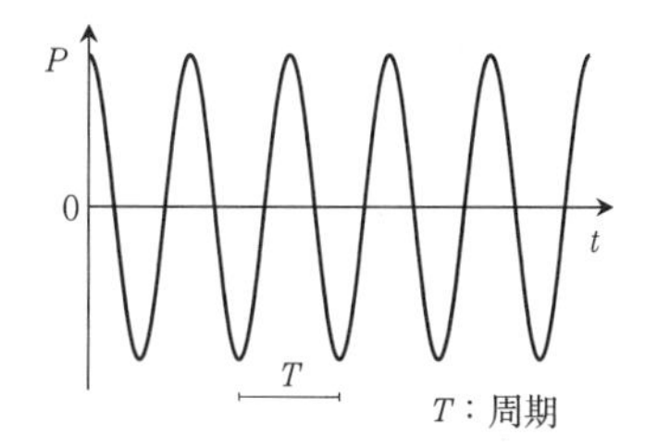

图 1.1　简谐荷载（振动）

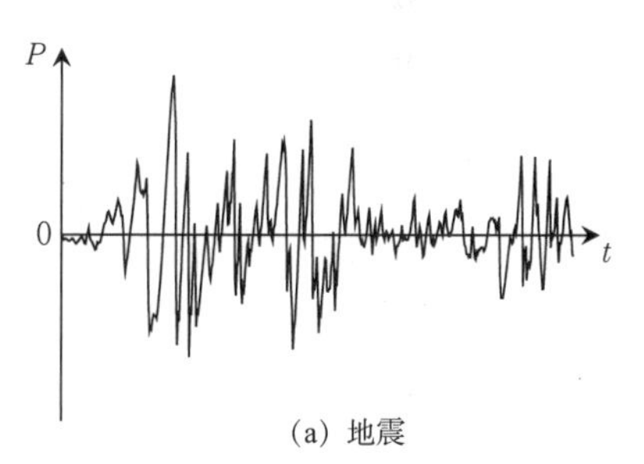

(a) 地震

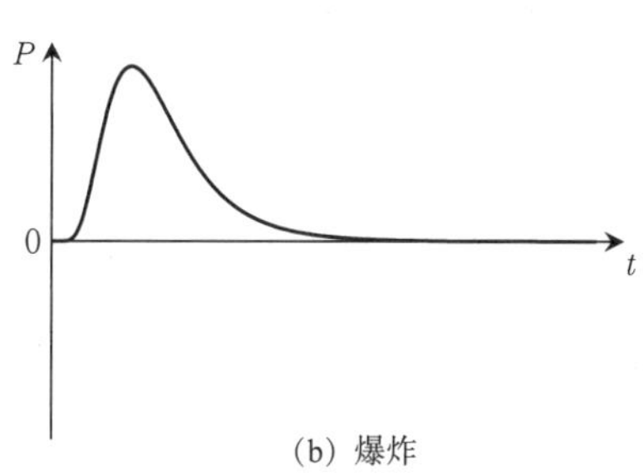

(b) 爆炸

图 1.2　非周期荷载

生振动的任意的、不以相同状态定期重复作用的外力称为**非周期荷载**（non-periodic loading）。

如图 1.2 所示，这种外力还包括其他冲击力，例如由于爆炸引起的冲击力。

1.3　振动的种类

结构振动有两种，以顶棚上悬吊的照明器具为例进行说明。当地震发生时，照明器具开始摇动，即使地震结束了一段时间，仍有很多人能看到灯具还在持续晃动。像这种在地震等动态外力的作用期间所产生的晃动振动称为**受迫振动**（forced vibration），在外力结束后还任意摇动的振动称为**自由振动**（free vibration）。自由振动如“1.4 周期”中所叙述的那样，是可以真实反映结构振动固有特性的一种振动，受迫振动是所施加的外力特性和结构固有特性相结合而形成的一种复杂振动，相关事宜的详细说明见第 2 章。

1.4　周期

固定塑料尺子的一端，从侧向拉另外一端然后突然松开，尺子开始左右晃动。这种晃动的状况通过时程记录如图 1.3 所示，这种振动就是“1.3 振动的种类”中提到的自由振动，但是这个尺子往复晃动的时间是恒定的，将这一往复所需要的时间称为**周期**（period）。周期由尺子的长短、厚度、材质等决定，是属于尺子固有的属性。结构物与尺子一样，也有相应的**固有周期**（natural period），具体取决于结构物的形状、材料等。因此，如果已知建筑物的性状（构件尺寸、重量等），则可以通过理论计算获得其周期。通常，周期的单位用秒（s）表示，比如可以表示为 0.3s、1s 等。

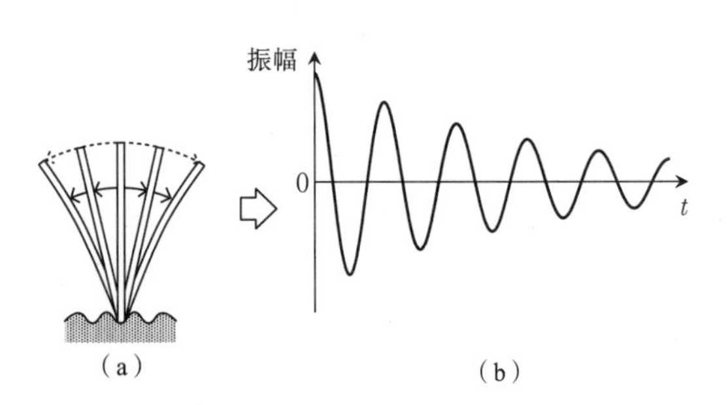

图 1.3　自由振动

此外，上述尺子的摇摆随着时间逐渐减少直至最终停止，阻止这种晃动的作用被称为**阻尼**（damping），它也是由尺子的材料性质决定的，也就是说取决于结构物的材料种类。这种阻尼作用可以由周围的空气阻力引起，或者当结构变形时振动能量转换为构成结构物分子间的摩擦所产生的热能消散，在建筑物中认为它是地基产生的辐射能等。另外，无阻尼的自由振动是如图 1.1 所示的稳态摆动（也称为简谐振动、单弦振动等），此时的周期一般称为固有周期 T。在有阻尼的情况下，根据阻尼作用的大小，周期也会略微变化，此时周期表示为 T_d，虽然有时候是有区别的，但是从工程的角度来看，如果假设没有阻尼作用，此时的系统周期称为固有周期，关于此事宜的严格定义在第 2 章描述，可供参考。

1.5　结构建模

无论是动态分析还是静态分析，第一步也是最重要的一步是把结构物转换为力学模型。用于动态分析的力学模型一般称为**振动模型**（vibration model）。建模时有必要在尽可能忠实地再现结构所具有的力学特性并尽可能使之在操作简单化上下功夫。在这里对简单且最常使用的建模方法进行说明，当然除此以外还有其他各种建模方法。

由于地震所引起的地面运动是水平、上或下的三维运动，但是除了涉及大跨度结构的振动等特殊情况以外，通常忽略上下方向的振动，只考虑水平方向振动。此外，通常只考虑水平振动在水平面上的 2 个方向，即建筑物的跨度方向和房檩长度方向各自相互独立的作用。当然，在预测到结构物将在地震时发生扭转的情况下，像这种根据建筑物的每个方向进行单独研究的情况有时是不全面的。另一方面，关于结构物，在具有细长平面形状的建筑物中，楼板自身也发生变形，比如，某层中央部分的楼板和端部处的楼板的振动具有不一致性，除非楼板的刚度无限大时，同一层楼板的活动在哪里都是相同的。

基于如此假定，结构物的振动可以通过建筑物楼板位置的移动来表示，建筑物可以替换为如图 1.4 所示的**集中质点系统**（lumped mass system）的振动模型。图 1.4（a）给出了单层建筑物的情况，但是与图 1.4（b）中 2 层以上的建筑物基本相同。这种模型如图所示，各层的重量被认为分别集中在楼板位置，并且在这个位置按质点考虑，这些质点的刚度由柱子的粗细等所确定的结构物的刚度决定，通过无质量弹簧连接，弹簧的刚性称为**刚度**。这个刚度的计算是结构力学的应用，从施加水平力时在结构中产生的变形关系中获得。简单地说，归根结底就是求水平力 P 施加到图 1.4（a）中楼板位置的位移 x。刚度一般用 k 表示，由 $k=P/x$ 求出，单位为 N/mm，kN/m 等，是使质点 m 产生单位位移所需要的力。当结构处于弹性范围时，$P \propto x$，这种关系称为**胡克定律**（Hook's law），$P=kx$ 的关系毋庸多说。

本书对于质点系模型的振动理论进行了说明，但是实际上存在一些结构不能用简单的质点系模型简化，因此这种结构振动理论是相对复杂、繁琐的。

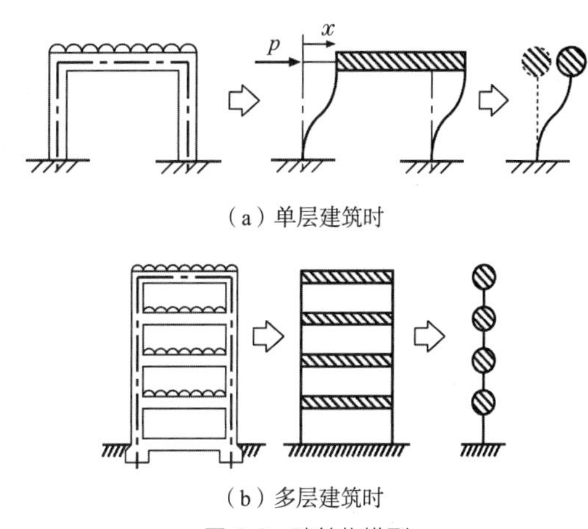

（a）单层建筑时

（b）多层建筑时

图 1.4 建筑物模型

那么，该质点模型利用振动理论获得的振动（响应）规律可以从基于迄今为止的地震观测结果等获取的模拟分析（simulation analysis）结果中很好地再现实际结构的振动规律。例如，如图 1.5 所示的解析案例，作为分析对象的 22 层事务所大楼，在其地下二层、十一层和二十层的位置设置了记录地震加速度的**强震计**（strong motion accelerometer），把此建筑所观测到的强震记录（strong motion accelerogram）和地下二层的记录输入质点系模型中，求二十层的响应并与实际的观测记录（observed record）进行比较。图的上侧

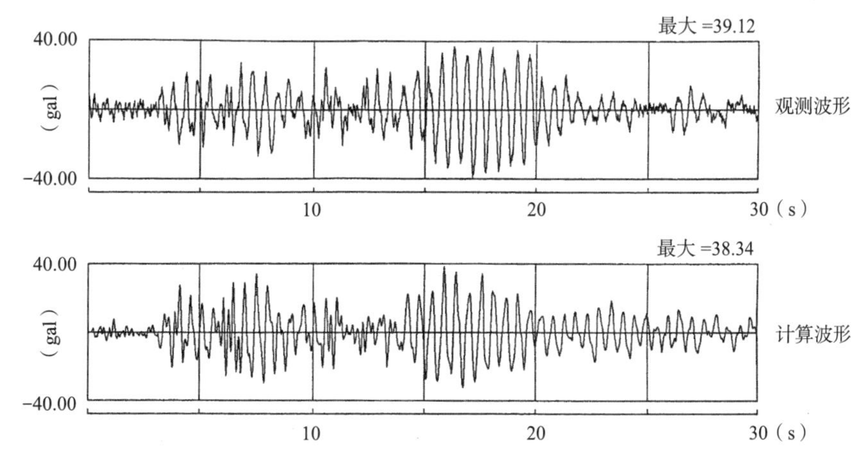

图 1.5 观测波形和计算波形的比较［例如，既有建筑物的抗震性能模拟分析（第 3 部分），日本建筑学会关东支部，1988 年 11 月，千叶・关・西川］

是观测波形，下侧是计算波形，实际的观测结果和计算结果能很好地对应。

1.6　振动系统的种类

把结构物转换成质点系模型时，用一个质点代表结构物的运动，称为**单自由度振动系统**（single degree of freedom system：SDOF）。这里单自由度的意思是指一个质点的移动，即如图 1.6 所示顶部的位移 x 就是整个系统的移动。例如，为了记述双层建筑物各层的运动，需要将其转换成两个质点构成的模型，称为 **2 自由度系统的质点振动系模型**，如图 1.7 所示。质点 1 和质点 2 的运动 x_1 和 x_2 如果定不下来，就无法确定系统整体的活动。这样，为了表示目标结构物的运动，将其转换成由多个质点构成的质点振动模型，当通过质点的运动获得结构的振动时，根据质点数量称其为 ×× 自由度系统（也有时候根据质点的数量直接称为 ×× 质点系）。由此质点振动系模型可分为由一个质点构成的**单自由度系统**（single degree of freedom system：SDOF）和两个以上的质点构成的**多自由度系统**（multi-degree of freedom system：MDOF）两类。

1.7　振动分析的基本方程

为了计算地震时结构晃动程度，如“1.5 结构建模”所述，可把结构物转换成能在数学上快速处理的力学模型。因此如果推导出地面运动作用于模型化系统振动时的运动方程（运动方程或者振动方程）（equation of motion），求解方程，可以通过具体的数字来描述振动的状态，例如，地震开始几秒后结构物产生多少厘米的位移。能够描述这种结构物在振动期间状态的运动方程有好几种，本书基于**达朗贝尔原理**（d'Alembert's principle）的运动方程进行着重说明，公式的解法等可以参照第 2 章。

该原理就是将在动态状态下作用于质点的惯性力作为静态力处理，寻求与静力状态时同样的力的平衡条件，推导出运动方程，因此又被称为**直接力平衡法**。

根据质点力学的牛顿第二法则，为了促使匀速移动中质量为 m 的质点进行加速运动，为了产生加速度 α（速度随时间的变化率），就必须对质点施加 $m\times\alpha$ 的力，这个力称为**惯性力**。关于这个惯性力，下面举一个身边再平常不过的例子加以说明。

现在，假设乘坐以某一速度行驶的列车，如果紧急减速的话，乘客就会朝列车行进的方向倾倒，反之，如果列车加速的话，人们就会倒向与行进方向相反的方向，这个现象是大家都知道的（图 1.8）。也就是随着速度的变化而产生加速度，乘坐列车的人们被施加以质量乘以加速度那么大的力的推动，作用于乘客身上的假想的力称为**惯性力**。这种惯性力与速度的时间变化率有关，速度的变化越显著，这个值就变得越大，作用于相

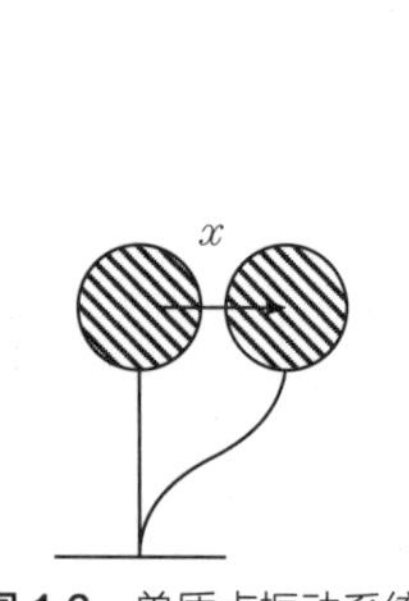

图 1.6　单质点振动系统

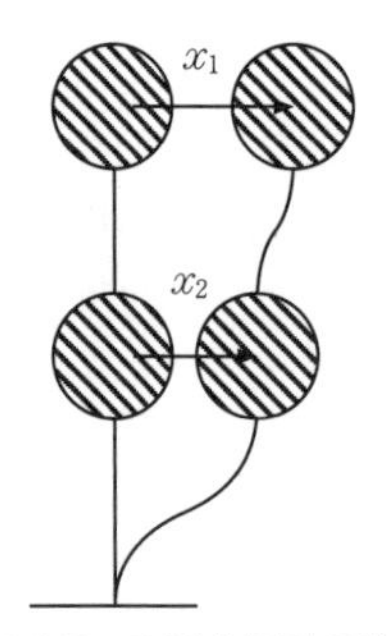

图 1.7　2 质点振动系统（多质点系）

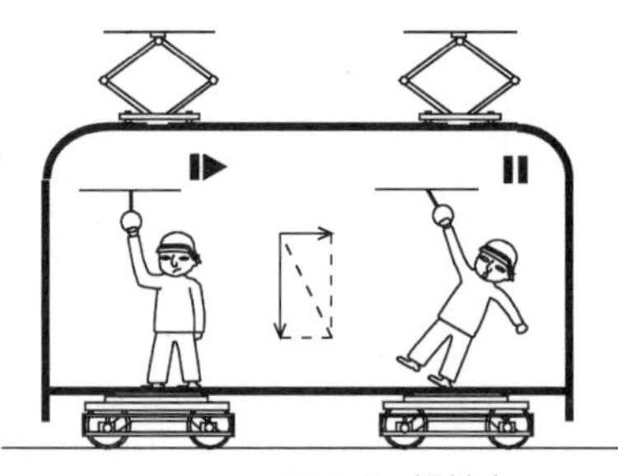

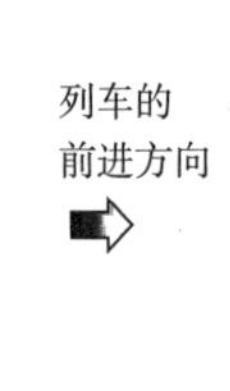

图 1.8　惯性力

同物体的力学效果也就越大。

这样采用惯性力时，运动（振动）的物体将惯性力视为假想的外力，也可以对其进行静力学处理。关于具体的运动方程，以单质点振动系统为例，首先参照图 1.9 表示的无阻尼系统自由振动的状态进行说明。

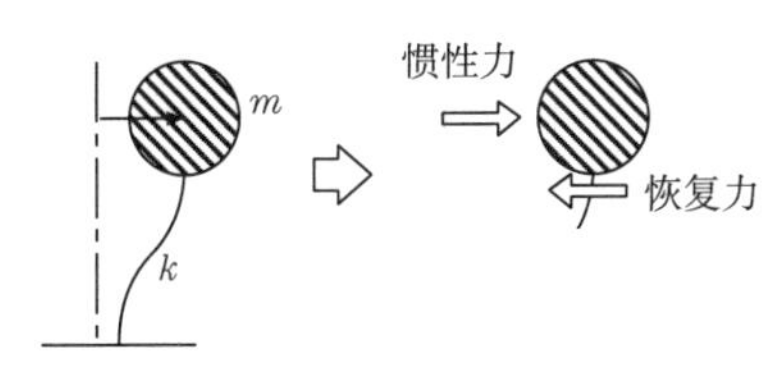

图 1.9　质点的力学平衡

在静态问题中，使 x 产生位移必须施加的外力为 p，支撑质点的弹簧因 x（m）的位移变化而产生**恢复力** $k \cdot x$（k 为前述的弹簧常量，即把质点也就是弹簧向旁边移动 1m 所需要的外力，单位为 N/m）以保持平衡。此时的平衡力方程为：

$$p-kx=0 \tag{1.1}$$

从一方面的动态问题来看，如果在某一时刻 t 发生的位移也是 x（m），支撑质点的弹簧的恢复力与处于静态时的相同，此时如果作用于质点的惯性力为 I，根据达朗贝尔原理，把这个惯性力视为假想的外力来考虑静态力学平衡式，与公式（1.1）相同，可以得出下式：

$$I-kx=0 \tag{1.2}$$

因此，惯性力 I 可以从定义得出，即：

$$I=-m\times a=-m\times\frac{\mathrm{d}v}{\mathrm{d}t}=m\frac{\mathrm{d}^2x}{\mathrm{d}t^2}=-m\ddot{x}$$

式中，由于 $v=\dot{x}=$ 速度，$a=\ddot{x}=$ 加速度（速度随时间的变化率），无阻尼系统进行自由振动时的运动方程为：

$$-m\ddot{x}-kx=0$$

$$即\quad m\ddot{x}+kx=0 \tag{1.3}$$

至此，惯性力 I 带有负号 $-m\times a$ 出现的原因是，回看图 1.8，如果速度降低（速度的变化率为负数），就可以理解为电车里的乘客受到正方向的惯性力了。

公式（1.3）中，位移变量 x 是时间 t 的函数，正确的记述应该为 $x(t)$，但为了简化，除一些特殊的情况外，可将变量 (t) 省略。公式（1.3）被称为 **2 阶微分方程**，求出该微分方程的解就可以解决振动的问题了。

公式（1.3）为无阻尼系统自由振动的运动方程，但对于存在阻尼的自由振动或者受到地球运动产生的受迫振动，其运动方程也可以用同样的思路加以定义。

例如，图 1.9 表示的系统中考虑了加入阻尼作用的因素。此种情况下，作为阻尼力，一般来说应该考虑其与支撑质点弹簧的变形速度成比例。因此，将阻尼作用与弹簧的变形速度成比例进行考虑的话，运动方程的解将清楚地形成数学图形。而且，实际也确实如此，这个解已经被证明能够比较正确地表现出建筑物的阻尼状态。施加阻尼力时的力学模型是以如图 1.10 所示带有缓冲器的模型进行评价的。这个缓冲器的作用是为了抑制振动。针对这个模型，同样考虑了作用于质点的惯性力、恢复力以及阻尼力，并基于达朗贝尔原理得出力学平衡公式，

$$I-c\dot{x}-kx=0 \tag{1.4}$$

由 $I=-m\ddot{x}$ 可得：

$$m\ddot{x}+c\dot{x}+kx=0 \tag{1.5}$$

式中，c 为**阻尼系数**。

这就是考虑阻尼情况自由振动的运动方程。

进而，考虑地面运动作用下的振动，其受迫

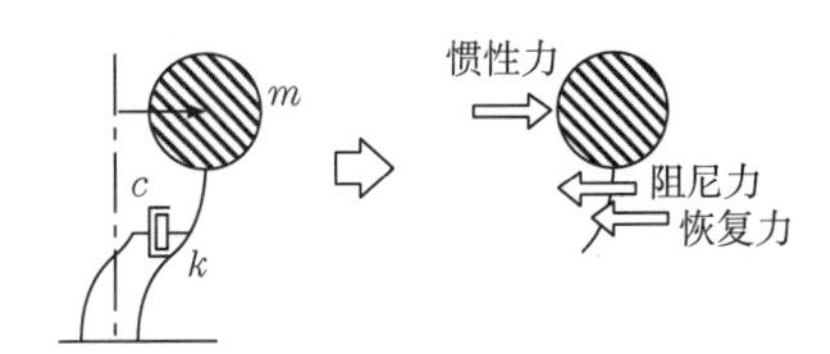

图 1.10　质点的力学平衡

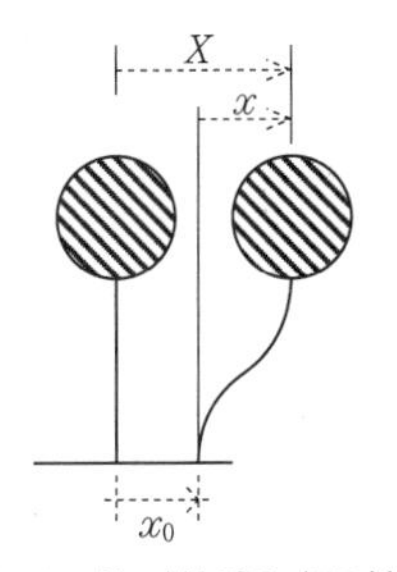

图 1.11　绝对位移和相对位移

振动的运动方程进行建立时，如图 1.11 所示，某一时刻 t 的地面运动位移设为 x_0，推导出作用于质点的作用力公式。此时，弹簧的恢复力与弹簧自身的位移变化 x 有关，阻尼力又与弹簧的变形速度 $\dot{x}$ 成比例，因此作用于质点上的作用力公式就同公式（1.4）的形式相同。可是，惯性力依赖于质点运动的绝对量，因此其与如图 1.11 所示的绝对位移 X 有关。从该原始坐标轴开始的移动量称为**绝对位移**，并且结构本身的位移变化是相对于基础的相对位移，或简称为**相对位移**，前者通常用大写字母表示，后者多用小写字母表示，即：

$$X=x_0+x$$

因此得出惯性力 I 为：

$$I=-m(\ddot{x}_0+\ddot{x}) \tag{1.6}$$

将公式（1.6）代入公式（1.4）中，结果，对于受到地面运动 x_0 时的受迫振动运动方程为：

$$m\ddot{x}+c\dot{x}+kx=-m\ddot{x}_0$$

上式为针对单自由度系统的推导，对于多自由度振动系统，其思路也大致相同，考虑到作用于质点的惯性力，根据达朗贝尔原理便可以推出力的平衡公式，这一具体内容将在第 3 章中进行叙述。

运动方程一旦建立，接下来便可以通过求解方程寻求答案了。这一章的公式很多，本书将在第 2 章以后尽量简明扼要地加以说明。

第 2 章　简单的单自由度系统结构物的振动

2.1　无阻尼单自由度系统建筑物的自由振动

风、冲击等某种契机的振动对结构物的晃动是怎样作用的呢？此外，晃动结构物的振动并不是永远持续的，等注意到的时候，振动已经结束了。结构开始随着从外面进入结构的能量而振动，且针对实际结构物必须考虑到此处能量的消耗并减少振动的阻尼作用。试着在大脑中想象你在一个由地震引起振动的建筑物内，在注意到"地震了！"后，做出"地震已经结束了吗"的判断经常与自己所在的建筑物不再晃动的事实相混淆，通常建筑物的晃动还会持续一段时间。这与小孩子在公园荡秋千及下来后秋千还会晃动一段时间的现象类似，小孩子下来之后秋千并不是在之后的几个小时一直摇摆，而是会自然而然地停止。

作为学习振动的基本阶段，地震、风或者其他某种冲击让结构物开始振动，对其一直保持振动状态没有发生变化这一理想的非阻尼的情况进行研究，也就是对运动期间系统不会增加能量也不会失去能量的建筑物振动，即无阻尼**自由振动**（free vibration）的**单自由度系统**（single degree of freedom）进行说明。考虑这样一种情况，即由两根柱子和一根横梁组成的简单的单层建筑物在水平方向上振动，这个"无质量的两根柱子由一根支撑屋顶的刚性横梁连接在一起"的建筑物形成的最简单、最基本的结构模型即是由质量 m 和刚度 k 所构成的**振动模型**（vibration model）（图 2.1）。这种理想化的振动模型称为**单质点系统模型**，因为质量 m 的振动只通过一个位移 x 来表示，所以也称为**单自由度模型**。横梁和架在横梁上的屋顶板以及柱子上端部分的质量可以作为一个整体以相同的晃动方式来考虑。处理建筑物中摇摆部分的总质量时，通常认为其集中于横梁上总质量为 m 的一点。单自由度模型可视为设置在没有摩擦的楼板上的由质量为 m、刚度为 k 的弹簧支撑而振动的**质量 - 弹簧系统**（图 2.2）。

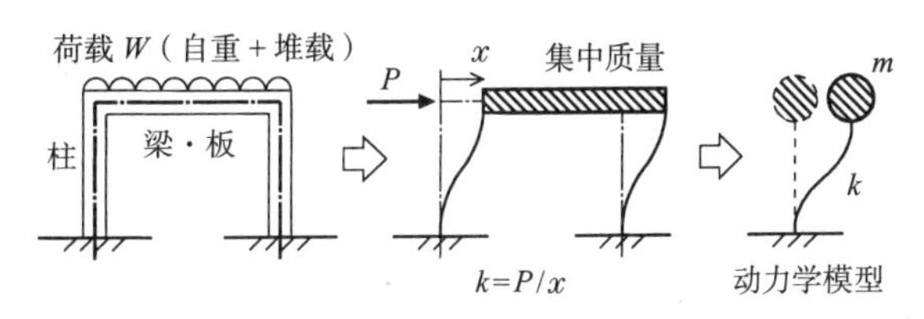

图 2.1　建筑物模型

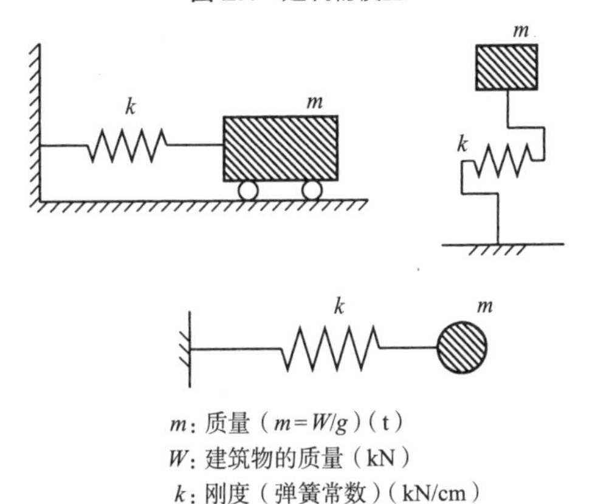

图 2.2　质量 - 弹簧系统的单自由度模型

2.1.1　运动方程和解

a. 运动方程

在质点（质量为 m）上施加水平力 P，将作用的水平力 P 突然释放，此后不再有外力作用，作用的水平力 P 在释放的瞬间，质点的速度为 0。质点受到平衡位置处的恢复力作用而向着平衡位置运动，与其说是返回，不如说是在平衡位置产生了**速度**（velocity）且通过平衡位置。一旦质点通过后，会再次受到恢复力，在相反的方向发生振动再次折回并通过平衡位置。从保持速度的平衡位置开始向相反方向振动直至速度变成 0 期间，质点在平衡位置处保持最大速度。这些速度的变化产生**加速度**（acceleration），这个折返运动即为单质点系统的自由振动。

关于这个振动的运动方程的推导在第1章已做说明。在没有阻尼，也就是说在没有摇摆的情况下，单质点系统的质点在振动状态不产生变化的自由振动作用，其恢复力（$-kx$）与来自达朗贝尔原理（d'Alembert）的惯性力（$-m\ddot{x}$）产生作用，运动方程表现为公式（2.1）。

$$m\ddot{x}+kx=0 \tag{2.1}$$

恢复力和位移按照一定比例的振动有时被称为**线性振动**，其运动方程是未知量x以及x的一次微分的表达式，在数学上就是线性微分方程。

b. 运动方程的解（其1）

无阻尼单自由度系统的自由振动运动方程是数学上的一个方程。这个方程中，质点产生的惯性力$m\ddot{x}$和作用在柱子上的恢复力kx相加所得的值始终为0，其中的x可以视为某种未知量来考虑。从物理角度来说，惯性力$m\ddot{x}$和恢复力kx的和为0的位移x和加速度$\ddot{x}$是什么？这也是能推算出来的。运动方程包含了与x相关的时间的2次微分，所以运动方程变成了微分方程的形式。

当我们观察质量-弹簧系统的振动时，位移x随着时间的变化而变化。在结构力学中我们已经学习了梁结构和框架结构在施加荷载时所产生位移的求法。比如，使用摩尔定理或者转角法等求解的位移是荷载持续作用下的位移，所求的位移也是固定值，是不变的。这里的运动方程中$m\ddot{x}$与kx的和总是0，所谓的“总是”是指作用水平力P突然释放，质量-弹簧系统的振动开始后所经过的时间段。运动方程所包含的位移x以及加速度$\ddot{x}$都是时间t的函数，准确的表述应该是$x(t)$，$\ddot{x}(t)$，运动方程也应该表述为：

$$m\ddot{x}(t)+kx(t)=0 \tag{2.2}$$

通常惯用的公式表现形式是公式（2.1）这种。因此，运动方程的解也是时间t的函数。

两边同除以m，

$$\ddot{x}+\frac{k}{m}x=0 \tag{2.3}$$

令$\omega^2=k/m$，则：

$$\ddot{x}+\omega^2x=0 \tag{2.4}$$

在此阶段，ω可以认为是综合无阻尼单自由度系统模型的质量m和刚度k形成的参考量。从公式（2.4）中可以看出$\cos\omega t$或$\sin\omega t$是解的一种形式，因此这个方程的解x的表达式为：

$$x(t)=C_1\cos\omega t+C_2\sin\omega t \tag{2.5}$$

对时间t进行2阶求导，可得：

$$\ddot{x}(t)=-C_1\omega^2\cos\omega t-C_2\omega^2\sin\omega t \tag{2.6}$$

将公式（2.5）和公式（2.6）代入公式（2.4）的左边等于0，表明公式（2.5）是公式（2.4）的解。但是公式（2.5）是否存在其他的解此刻还不明确。系数C_1、C_2是由微方程的边界条件所决定的积分常数。系数C_1、C_2在物理上是根据质点自由振动的**初始条件**（initial condition）所求出的。

c. 运动方程的解（其2：解析解）

为了求出公式（2.4）的解析解，把x当作时间t的指数函数，作为求解线性微分方程的方法被经常使用。

$$x(t)=Xe^{\lambda t} \tag{2.7}$$

X，λ是未知常量，把公式（2.7）代入公式（2.4）中，可得：

$$(\lambda^2+\omega^2)X=0 \tag{2.8}$$

很明显$X=0$是满足公式（2.8）的，但是，此时公式（2.7）的$x(t)=0$变成了静止状态，不振动在物理上也就没有意义了。

满足公式（2.8）的另一个解为使下式

$$\lambda^2+\omega^2=0 \tag{2.9}$$

成立的解：

$$\lambda=\pm i\omega \tag{2.10}$$

此时，必有$X\neq0$。将公式（2.10）代入公式（2.7）而获得的公式（2.11）、公式（2.12）都是公式（2.4）的解。

$$x(t)=Xe^{+i\omega t} \tag{2.11}$$

$$x(t)=Xe^{-i\omega t} \tag{2.12}$$

将上述任意常量X记为X_1、X_2，把这两个解进行组合形成的公式（2.13）代入公式（2.4），也能确认该解是其中一解。

$$x(t)=X_1e^{+i\omega t}+X_2e^{-i\omega t} \tag{2.13}$$

含有两个任意常量的解都是2阶微分方程中的通解，并且任意常量X_1、X_2可通过微分方程的初始条件求得。

公式（2.4）的通解 x 因为表示的是振动状态，所以必须是实数，因此，公式（2.13）的任意常量 X_1、X_2 一定是共轭复数，用实数系数 C_1、C_2 表示任意常量 X_1、X_2，得：

$$X_1=\frac{C_1-iC_2}{2} \tag{2.14}$$

$$X_2=\frac{C_1+iC_2}{2} \tag{2.15}$$

通解的公式（2.13）是欧拉（Euler）公式（参看附录：$e^{\pm i\omega t}=\cos\omega t\pm i\sin\omega t$）。

$$x(t)=C_1\cos\omega t+C_2\sin\omega t \tag{2.16}$$

上式与公式（2.5）是一致的。数学上使用复数的函数 $e^{\pm i\omega t}$ 相当于 $\cos\omega t$ 或 $\sin\omega t$ 所表示的实际振动状态。

d. 初始条件

初始条件是自由振动开始的条件，例如，可以考虑快速释放施加的水平力 P，瞬间加速处于平衡状态的建筑物使其振动，或者在建筑物内部设置发动机让其旋转，使建筑物产生振动，然后关掉开关。

自由振动开始的时刻 t=0，因此，初始条件定义为 $x(0)$、$\dot{x}(0)$。如图 2.3 所示，初始位移 $x(0)=d_0$，初始速度 $\dot{x}(0)=v_0$ 代入公式（2.16）和公式（2.17），

$$x(t)=C_1\cos\omega t+C_2\sin\omega t \tag{2.16}$$

$$\dot{x}(t)=-C_1\omega\sin\omega t+C_2\omega\cos\omega t \tag{2.17}$$

可得：

$$x(0)=C_1=d_0 \tag{2.18}$$

$$\dot{x}(0)=C_2\omega=v_0 \tag{2.19}$$

由此求出 $C_1=d_0$，$C_2=v_0/\omega$，因此运动方程式（2.4）的解为：

$$x(t)=d_0\cos\omega t+\frac{v_0}{\omega}\sin\omega t \tag{2.20}$$

或在同一频率中合成不同振幅或不同的简谐函数（参照附录）：

$$x(t)=C\cos(\omega t+\phi) \tag{2.21}$$

其中，$C=\sqrt{d_0^{\,2}+(v_0/\omega)^2}$

$$\phi=\tan^{-1}\left(-\frac{v_0}{\omega d_0}\right)$$

或 $\tan\phi=-\dfrac{v_0}{\omega d_0}$

表示水平力 P 为 0 时的平衡位置为中心的振动（图 2.4）。

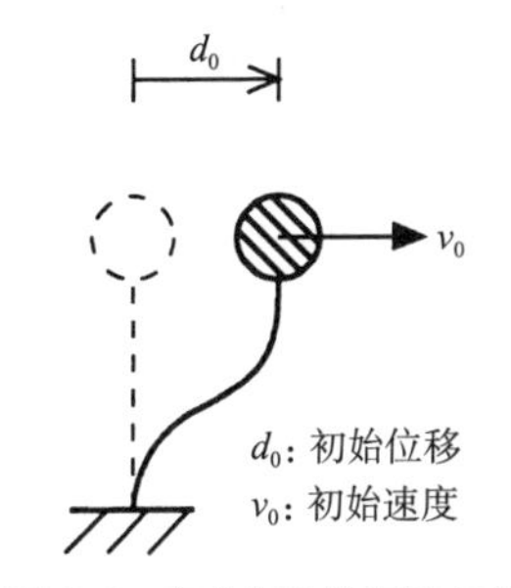

图 2.3 自由振动的初始条件

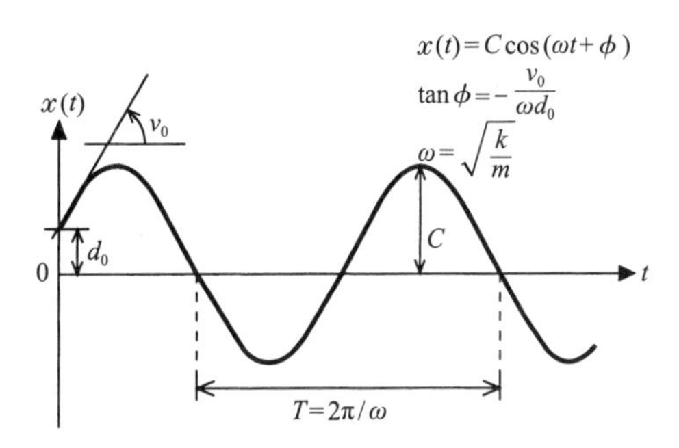

图 2.4 无阻尼自由振动的通解

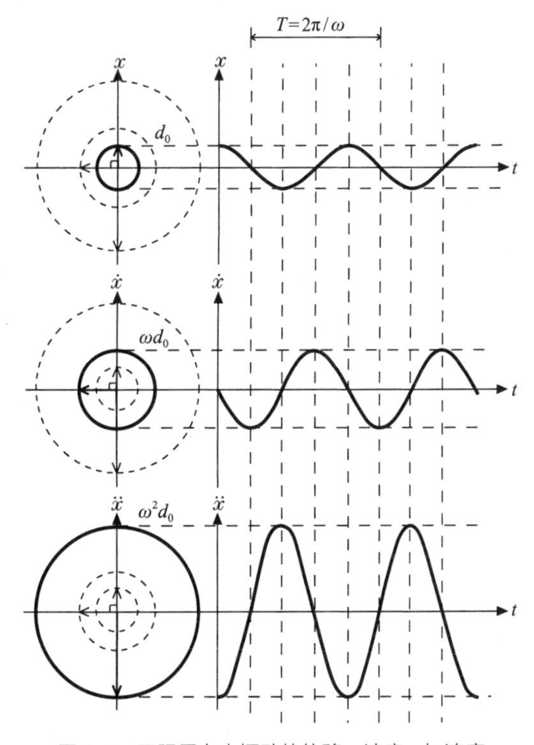

图 2.5 无阻尼自由振动的位移、速度、加速度

如果初始条件为 $x(0)=d_0$，$\dot{x}(0)=0$，则解为（图 2.5）：

$$x(t)=d_0\cos\omega t \tag{2.22}$$

$$\dot{x}(t)=-\omega d_0\sin\omega t \tag{2.23}$$

$$\ddot{x}(t)=-\omega^2 d_0\cos\omega t \tag{2.24}$$

e. 能量

本节主要研究公式（2.1）所表示的单自由度系统在自由振动时的能量。

运动能量 E_k 为：

$$E_k=\frac{m\dot{x}^2}{2} \tag{2.25}$$

势能 E_p 取决于质点 m 的位移，并由储存在弹簧刚度 k 中的应变能给出。

$$E_p=\int_0^x kx\mathrm{d}x=\frac{kx^2}{2} \tag{2.26}$$

动能（kinetic energy）E_k 和**势能**（potential energy）E_p 的和为总能量 E_t。

$$E_t=E_k+E_p \tag{2.27}$$

把公式（2.21）代入上式可得：

$$E_t=C^2\left[m\omega^2\sin^2(\omega t+\phi)+k\cos^2(\omega t+\phi)\right]/2$$

$$=C^2\left[k+\left(m\omega^2-k\right)\sin^2(\omega t+\phi)\right]/2 \tag{2.28}$$

或者，

$$E_t=C^2\left[m\omega^2+\left(k-m\omega^2\right)\cos^2(\omega t+\phi)\right]/2 \tag{2.29}$$

由 $\omega^2=k/m$ 可得 $k=m\omega^2$。

$$E_t=\frac{C^2k}{2} \tag{2.30}$$

或者

$$E_t=\frac{C^2m\omega^2}{2} \tag{2.31}$$

研究发现，无论何时总能量 E_t 都是恒定的，由此可以看出，能量守恒定律适用于不受外力作用影响的自由振动，在自由振动中，它始终保持不变，当动态能量振动时，动能 E_k 和势能 E_p 间是相互转化的关系。自由振动可以被认为是动能和势能相互转化的现象。

$$\frac{m\dot{x}^2}{2}+\frac{kx^2}{2}=\text{const.} \tag{2.32}$$

上式的两边对时间 t 求导，得：

$$m\ddot{x}\dot{x}+kx\dot{x}=x(m\ddot{x}+kx)=0 \tag{2.33}$$

即，

$$m\ddot{x}+kx=0 \tag{2.34}$$

根据能量平衡，上式与从牛顿运动定律中推

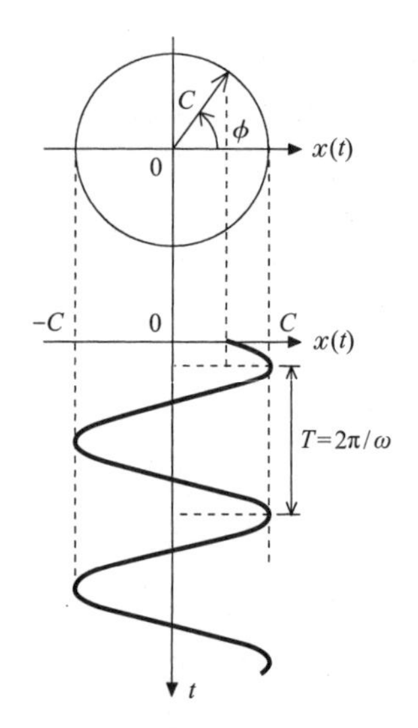

图 2.6 单振动和自由振动

导的公式（2.1）自由振动运动方程完全相同。另一方面，当推导出公式（2.34）时，乘以 $\dot{x}$，得：

$$m\ddot{x}\dot{x}+kx\dot{x}=0 \tag{2.35}$$

对上式积分，可以得出 E_t 为常数，

$$\frac{m\dot{x}^2}{2}+\frac{kx^2}{2}=E_t \tag{2.36}$$

能量守恒（conservation of energy）定律成立。

2.1.2 振动特性

a. 固有圆频率

无阻尼单自由度系统自由振动的通解公式（2.21）在数学上表示为**简谐振动**（simple harmonic vibration）（图 2.6）。简谐振动 3 要素（振幅 C、圆频率 ω、相位滞后 ϕ）一定的话，振动状态在一定意义上也是恒定的。

这其中最重要的就是**圆频率**（circular frequency）ω，ω 有时也称为**角频率**，是在考虑了结构物振动性状基础上的最基本物理量。

通过 $\omega^2=k/m$ 得出 ω 为 $\sqrt{k/m}$。建筑物在建模时，作为最基本的结构模型，通过对质量 m 和刚度 k 所构成的振动模型进行设定。这里质量 m 和刚度 k 扮演了决定无阻尼单自由度系统建筑物自由振动时圆频率 ω 的作用。

这个 ω 对于结构物来说称为**固有圆频率**（natural circular frequency），意味着是每个结构物

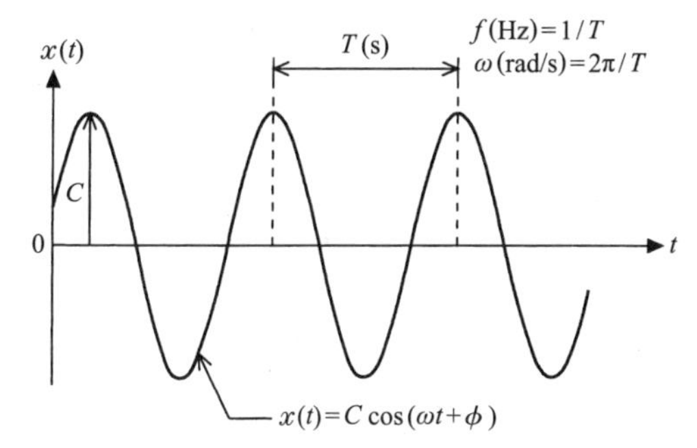

图 2.7　固有周期和固有圆频率的关系

所固有的特性。

当初始条件 $x(0)=d_0$，$\dot{x}(0)=v_0$ 时，**振幅**（amplitude）C 可求出为 $\sqrt{d_0^2+(v_0/\omega)^2}$。**相位滞后**（phase delay）$\phi$ 根据固有圆频率 ω 和初始条件 d_0、v_0 求出为 $\tan^{-1}(-v_0/\omega d_0)$。

b. 固有周期

单质点振动是数学上通过 $\cos\omega t$ 或者 $\sin\omega t$ 所表示的**简谐振动**（harmonic vibration）。cos 或者 sin 的时间函数可以认为是匀速圆周运动的水平投影。ω 的量纲为 rad/s，表示匀速圆周运动 1 秒钟时间所前进的角度（图 2.7），还可以看作在 1 秒内的相位延迟多少。

· 固有圆频率 $\omega=\sqrt{k/m}$（rad/s）

· 固有周期 $T=2\pi/\omega=2\pi\sqrt{m/k}$（s）

· 固有频率 $f=1/T=\sqrt{k/m}/2\pi$（Hz）

固有周期（natural period）意味着 1 阶振动所需的时间，每 T 秒钟重复相同的运动。与此相对的是**固有频率**（natural frequency），意味着 1 秒钟振动了多少次。固有周期和固有频率是倒数的关系。固有频率有时候也称**固有圆频率**。

· 同质量的结构物，刚度越大固有周期越短，固有频率越高。

· 同刚度的结构物，质量越大固有周期越长，固有频率越低。

固有周期、固有频率等结构物的特性对决定自由振动通解的初始位移和初始速度无影响。

c. 能量守恒

力学上的总能量 E_t 是指动能 E_k 和势能 E_p 的和。自由振动时力学上的总能量 E_t 与时间无关，是恒定的。

$$\left.\begin{aligned}E_t&=E_k+E_p=\text{const.}\\E_t&=\frac{C^2k}{2}=\frac{C^2m\omega^2}{2}\end{aligned}\right\}\qquad(2.37)$$

公式（2.25）中 $x=0$ 时，动能 E_k 为 0，势能 E_p 的最大值为 E_{pmax}。质点 m 在通过中立点 $x=0$ 的时候，势能 E_p 为 0，动能 E_k 的最大值为 E_{kmax}。

$$E_{p\max}=\frac{C^2k}{2}\qquad(2.38)$$

$$E_{k\max}=\frac{C^2m\omega^2}{2}\qquad(2.39)$$

虽然可以这么表示，但是对于不受外力作用的自由振动，能量守恒的法则是成立的。尤其是在无阻尼时，$C=\sqrt{d_0^2+(v_0/\omega)^2}$ 的初始条件所确定的总能量在原样保持的基础上，振动现象就是总能量交替变为动能 E_k 和势能 E_p 的过程。

而且，我们也知道 $E_t=E_{pmax}=E_{kmax}$。

【例题 2.1】图 2.8 所示，无质量的弹簧上部固定，吊有质量为 0.510kg 的秤砣时，弹簧伸长到 9.80mm。

（1）求弹簧的刚度。

（2）求此质量 - 弹簧系统的固有圆频率、固有周期和固有频率。

（3）在此状态下再往下拉伸 10.0mm，然后松开，求此状况下自由振动的解。

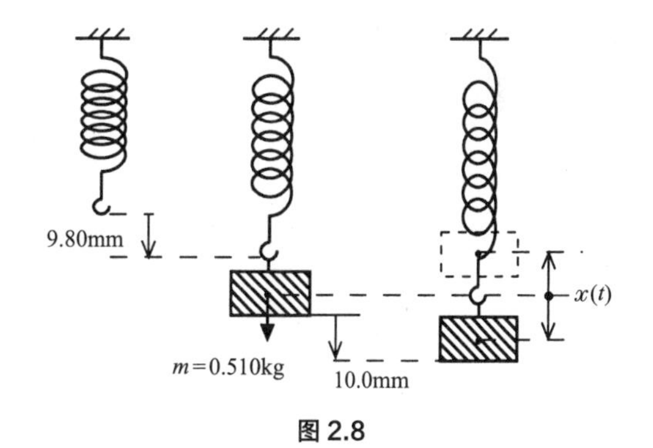

图 2.8

[解]（1）在吊着质量为 0.510kg 的秤砣时，作用于弹簧的力 P 为 $P=mg$

$$P=0.510(\text{kg})\times9.8(\text{m/s}^2)=5.00(\text{N})$$

这个力与位移 9.80mm 相除得出弹簧的刚度 k：

$$k=\frac{5.00(\text{N})}{0.0098(\text{m})}=510(\text{N/m})$$

（2）固有圆频率 ω 为：

$$\omega=\sqrt{\frac{k}{m}}=\sqrt{\frac{510(\mathrm{N/m})}{0.510(\mathrm{kg})}}=\sqrt{1000}$$
$$=31.6(\mathrm{rad/s})$$

固有周期 T、固有频率 f 为：

$$T=\frac{2\pi}{w}=\frac{2\pi}{31.6}=0.199(\mathrm{s})$$

$$f=\frac{1}{T}=\frac{1}{0.199}=5.03(\mathrm{Hz})$$

（3）自由振动的通解为：

$x(t)=d_0\cos\omega t+v_0/\omega\sin\omega t$，初始条件 d_0=1.0（cm），v_0=0（cm/s），将固有频率 ω=31.6（rad/s）代入，得出 $x(t)$=1.0 cos31.6t（cm），这个自由振动为振幅 1.0（cm）、圆频率 31.6（rad/s）的简谐振动。

【例题 2.2】 图 2.9 为质量 m=40t，刚度 k = 800kN/cm 的单质点系统。

（1）求这个单质点系统模型的固有圆频率、固有周期和固有频率。

（2）质点的初始位移 d_0=1.0cm，初始速度 v_0=15cm/s，求此情况下自由振动的解。

（3）如果此单质点系统模型变为横向的情况下位移是 δ_s（cm），求 δ_s 和固有周期 T 的关系。

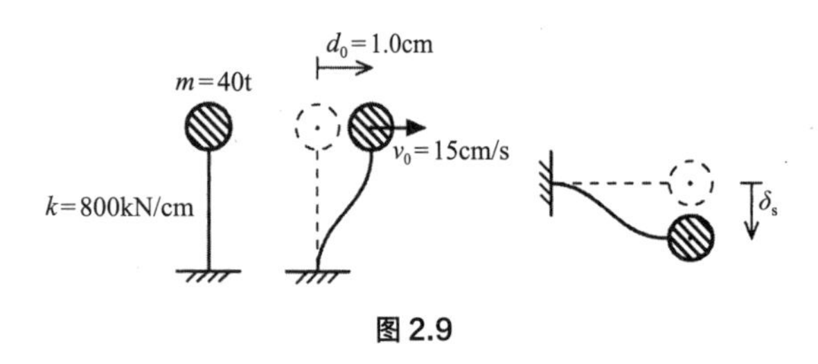

图 2.9

[解]（1）固有圆频率 ω 为：

$$\omega=\sqrt{\frac{k}{m}}=\sqrt{\frac{8.0\times10^7(\mathrm{N/m})}{4.0\times10^4(\mathrm{kg})}}=\sqrt{2000}$$
$$=44.7(\mathrm{rad/s})$$

固有周期 T，固有频率 f 为：

$$T=\frac{2\pi}{\omega}=\frac{2\pi}{44.7}=0.141(\mathrm{s})$$
$$f=\frac{1}{T}=\frac{1}{0.141}=7.12(\mathrm{Hz})$$

（2）自由振动的通解为：$x(t)=C\cos(\omega t+\phi)$，已知初始条件 d_0=1.0cm，v_0=15cm/s，把固有圆频率 ω=44.7rad/s 代入，可得：

$$C=\sqrt{d_0+(v_0/\omega)^2}=\sqrt{1.0^2+(15/44.7)^2}$$
$$=\sqrt{1.11}=1.05(\mathrm{cm})$$

$$\phi=\tan^{-1}(\frac{-v_0}{\omega d_0})=\tan^{-1}(\frac{-15}{44.7\times1.0})$$
$$=\tan^{-1}(-0.336)=-0.324(\mathrm{rad})$$

因此，$x(t)=1.05\cos(44.7t-0.324)$（cm）。自由振动为振幅 1.05cm，圆频率 44.7rad/s，初始位相（相位滞后）–0.324rad 的简谐振动。

（3）横向情况下的作用荷载 $P=mg$，位移 $\delta_s=mg/k$，因此，

$$\frac{m}{k}=\frac{\delta_s}{g}$$

固有周期

$$T=2\pi/\omega=2\pi\times\sqrt{m/k}$$
$$=2\pi\times\sqrt{\delta_s/g}=\left(2\pi/\sqrt{g}\right)\times\sqrt{\delta_s}$$

把 $g=980$cm/s 代入上式得，

$$T=\frac{2\pi}{\sqrt{980}}=0.201\times\sqrt{\delta_s}\approx\frac{\sqrt{\delta_s}}{5}(\mathrm{s})$$

这个关系公式称为盖格尔（Geiger）重力式，通过将结构物自身全部重量加上去时的位移估算出固有周期 T。

【例题 2.3】 钢筋混凝土结构的单层建筑物，由 4 根柱子（断面尺寸 60cm × 60cm）和刚性梁・屋面板组成，考虑其水平方向的振动状态（图 2.10）。此建筑物刚性梁・屋面板集中在一起的质量为 40t，混凝土的杨氏模量为 $2.1\times10^3\mathrm{kN/cm^2}$。

（1）求此建筑物的固有圆频率、固有周期和固有频率。

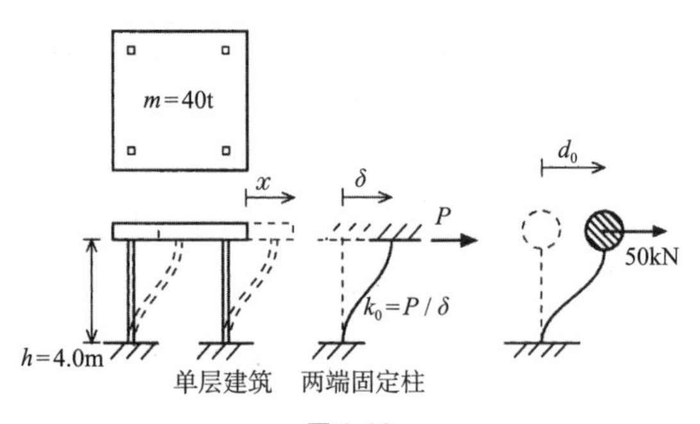

图 2.10

（2）在刚性梁・屋面板位置的水平方向施加 50kN 的水平力，求此水平力突然卸载情况下自由振动的解。

[解]（1）两端固定的柱的顶部作用有水平力 P，此时顶部水平位移 $\delta=Ph^3/12EI$（此计算请参考结构力学书），一根柱子水平方向的刚度 k_0 为 P/δ，即，

$$k_0=12EI/h^3$$

$E=2.1\times10^{10}\text{N/m}^2$，柱子的截面惯性矩 $I=0.60^4/12\text{m}^4$，将层高 $h=4.0\text{m}$ 代入可得，

$$k_0=\frac{12\times2.1\times10^{10}\times0.60^4/12}{4.0^3}=4.25\times10^7(\text{N/m})$$

得出建筑物的总体水平刚度 k 就是 4 根柱子的和，即 $k=4k_0=4\times4.25\times10^7=1.70\times10^8\text{N/m}$。

固有圆频率

$$\omega=\sqrt{\frac{k}{m}}=\sqrt{\frac{1.70\times10^8(\text{N/m})}{40\times10^3(\text{kg})}}$$
$$=\sqrt{4250}=65.2(\text{rad/s})$$

固有周期 T，固有频率 f

$$T=\frac{2\pi}{\omega}=\frac{2\pi}{65.2}=0.0964(\text{s})$$

$$f=\frac{1}{T}=\frac{1}{0.0964}=10.4(\text{Hz})$$

（2）施加 50kN 水平力时的水平位移 d_0 为：

$$d_0=\frac{Ph^3/12EI}{4}=\frac{Ph^3}{48EI}$$
$$=\frac{50(\text{kN})\times400^3(\text{cm})}{48\times2.1\times10^3(\text{kN/cm}^2)\times60^4/12(\text{cm}^4)}$$
$$=2.94\times10^{-2}(\text{cm})$$

自由振动的通解为 $x(t)=d_0\cos\omega t+(v_0/\omega\sin\omega t)$，将初始条件 $d_0=0.0294$（cm），$v_0=0$（cm/s），固有频率 $\omega=65.2$（rad/s）代入上式，得出 $x(t)=0.0294\cos65.2t$（cm）。

2.2 阻尼单自由度系统建筑物的自由振动

“2.1 无阻尼单自由度系统建筑物的自由振动”中，我们假定受到某些激励而振动的结构物会继续晃动，推导出运动方程，对其进行求解，研究基本振动特性。实际的结构物在振动期间会消耗能量，有必要对使振动减少的阻尼作用进行考虑。因此，作为学习振动基本阶段的第二步，对振动中的质量 - 弹簧系统在阻尼力作用下运动状态逐渐收敛的情况进行考虑。

由于地震、风或者某种冲击荷载等的激励，在结构物开始振动的自由振动中，处理振动时要基于系统中失去能量的运动状态。也就是说，在运动期间，系统不会增加能量，但是在系统中可以用单自由度系统对处理失去能量的建筑物的振动进行说明。可以想象成儿童下来后秋千自然而然停止的现象，在数学上表现出这种画面就可以。

2.2.1 阻尼

在实际的结构物中，因某种契机而振动的结构物的晃动不可能长时间处于相同的状态。本节对消耗振动能量使振动减少的阻尼的基本情况以及结构物振动分析时所用到的阻尼模型相关的基本事宜进行说明。

a. 阻尼的定义

结构物在振动时的能量辐射现象称为**衰减**，被称为**阻尼**（damping）的情况也较多。不仅是结构物，就连构成结构物的单个材料在受到反复荷载时，其动能也会因热能或者声音的变化造成衰减，动能通过空气、地基等媒介物质向外部离散也属于衰减。关于结构物的振动，质量和刚度在物理上比较容易理解，但是阻尼在感觉上比较难以理解，尤其是实际结构物的衰减现象极其复杂，未能解明的部分也还很多。

隔震结构是指用柔性材料（比如，刚度比较小的叠层橡胶）支撑基础。因为建筑物整体刚度较小，所以作用于建筑物的力比一般的结构物要小，并且可以减小结构构件的截面。然而，柔性材料的基础变形较大，由基础部分的变形引起建筑物主体的摇摆量（位移）较大。为了抑制这种位移可以加大建筑物的阻尼，在隔震部位设置**阻尼装置**（减震器）的目的正在于此。

b. 阻尼的种类

因结构材料（混凝土、钢、木材等）、结构形式（框架结构、剪力墙结构、壳体结构等）、基础形式（桩基础、直接地基）、建筑物的高度，装修材料（隔断、幕墙的种类和数量）等的不同，结构物的阻尼性状也不同，可以根据性状的不同对阻尼进行分类处理,但是没有明确的区分方法。此外，表示阻尼类型的名称仅限于结构物的振动，也没有建立统一的术语。造成结构物阻尼的主要因素有内部摩擦阻尼、结构阻尼以及地下辐射阻尼。

1）**内部摩擦阻尼**：结构物在振动时，构成结构的材料内部的物质特性使能量吸收的材料阻尼。根据振动中材料所发生的应力，材料内部分子之间的相对变形或者伴随晶体之间的滑动产生**摩擦**所引起的阻尼力（图 2.11、图 2.13），通过对材料片的振动试验能够确定其性状基本与应变速度成比例。

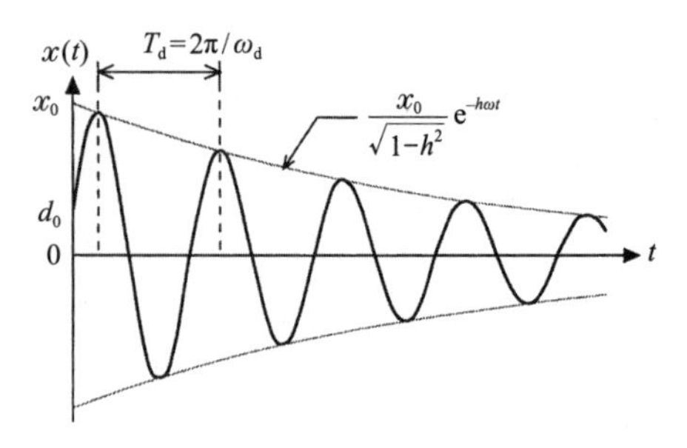

图 2.11 内部摩擦和阻尼振动

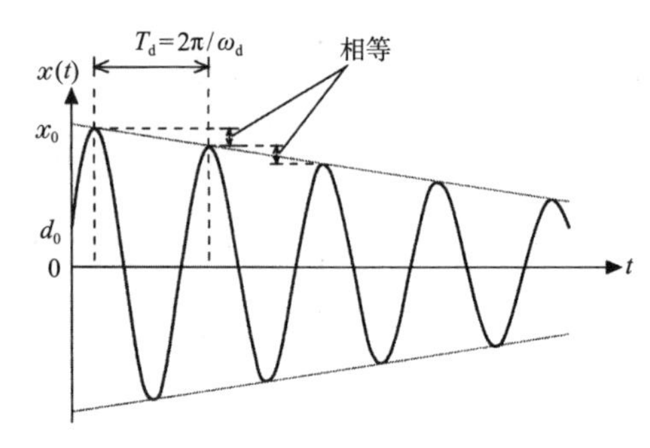

图 2.12 库仑摩擦和阻尼振动

2）**结构阻尼**：结构构件的结合部产生摩擦引起能量吸收的滑动摩擦阻尼。例如，钢结构中的柱构件和梁构件的螺栓连接处等，相互接触的两个构件相对运动时，接触面上欲阻止其相对运动的摩擦力沿着切线方向做功，这种滑动摩擦称为**库仑**（Coulomb）**摩擦**（图 2.12、图 2.13），用垂直于接触面的压缩力和接触面之间的摩擦系数的乘积表示。然而，摩擦系数与接触面的压缩力以及接触面积无关。

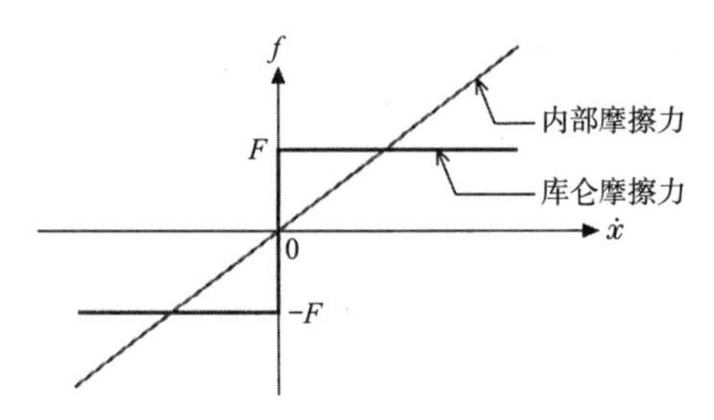

图 2.13 内部摩擦和库仑摩擦力的振动系统

3）**地下辐射阻尼**：系统的振动能量传播到系统的外部，因为辐射造成能量的消耗称为**辐射阻尼**（radiation damping）（图 2.14）。地下辐射阻尼是结构物的振动能量通过支撑结构物的地基向远方传递而不返回结构物的能量消耗。

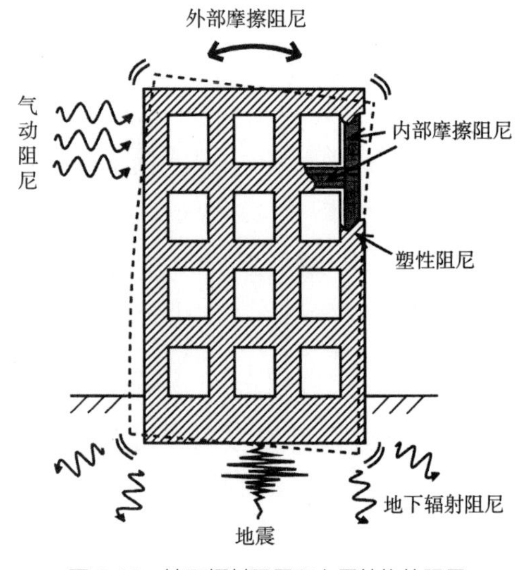

图 2.14 地下辐射阻尼和上层结构的阻尼

作为结构物阻尼，除此之外还有塑性阻尼，外部摩擦阻尼，气动阻尼。

4）**塑性阻尼**：作用外力和产生的变形超出胡克定律所适用的弹性界限时，结构物的变形增大，结构构件出现塑性变形。结构构件一旦塑性化，与因内部摩擦所造成的能量消耗相比，伴随着塑性化的能量消耗将会变大。即使除去超出弹性界限而作用的外力，变形也无法恢复，剩下**残留变形**（图 2.15）。在卸载时释放的储存在结构构件中

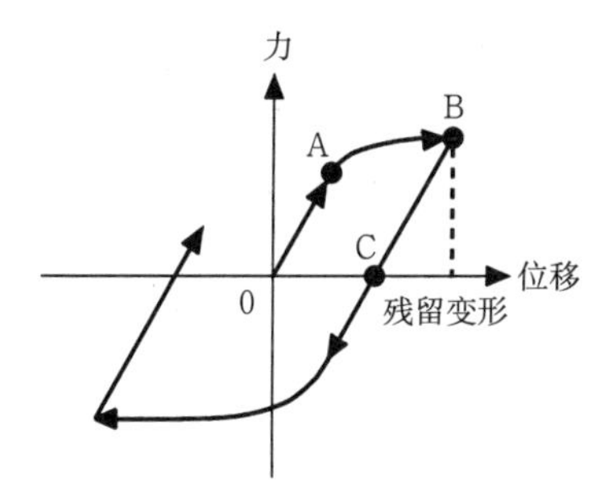

图 2.15 能量吸收与残留变形

的能量称为**塑性阻尼**（plastic damping）。OABC所包围的面积是消耗能量，消耗能量取决于如何塑性化或卸载时如何返回的方法，即由于外力引起的变形滞回。结构物或者结构构件的滞回特性称为**恢复力特性**，塑性阻尼有时称为**滞回阻尼**（hysteresis damping）。

5）**外部黏性阻尼**：结构物在空气或者水或者油等流体中振动时受到阻力而衰减。结构物的表面受流体**黏性**（viscosity）的影响，结构物和流体成为一体进行振动，一旦离开结构物，所受影响就会变小，结构物与流体的运动产生相对速度。此时产生的黏性阻力就是外部黏性阻尼，其依赖于结构物的形状、大小，流体的黏性、频率等。

6）**气动阻尼**：结构物在风等气流中振动时，结构物的周边是与气流静止的情况不同的状态。在风的作用下，引起结构物振动的气流，并且与附加的**空气动力**（aerodynamic force）起作用。根据这种附加性的空气动力引起的振动能量的消耗现象或者相反的振动能量增加现象称为**气动阻尼**（aerodynamic damping）。比如建筑物在风的作用方向上振动时的空气动力学阻尼起到正阻尼效果，从而减少振动。与之相对的是，当建筑物在垂直于风的作用方向上振动时，称为空气动力不稳定振动，而且气动阻尼起到负阻尼效果，振动增大。

c. 阻尼模型

结构物振动所使用的阻尼数学模型有很多种，最常使用的阻尼模型为**内部粘滞型**（internal viscous type）。空气阻力等外部摩擦阻尼和向地基下面辐射阻尼的外部主要原因不做考虑，仅对结构构件的内摩擦阻尼或者来自结构构件结合处产生的因摩擦引起的结构物内部阻尼进行模型化，并冠名“内部”。

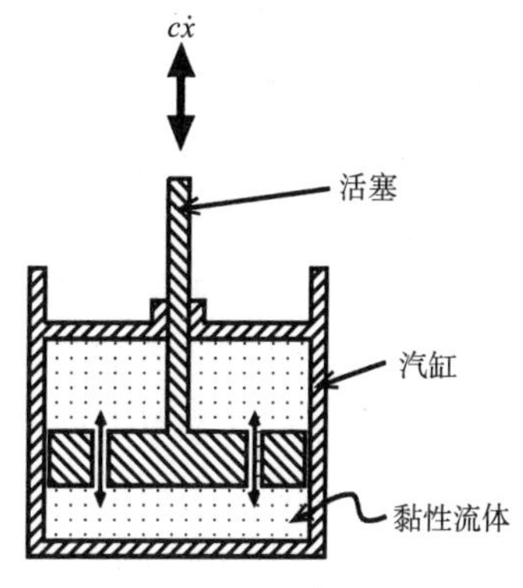

图 2.16 缓冲器与黏性阻尼

内部粘滞型阻尼模型通过黏性阻尼系数（viscous damping coefficient）为 c 的**缓冲器**（dashpot）表示，产生与速度成比例的阻尼力（图 2.16）。缓冲器是机械设备等运动部分施加阻力的装置，作用于嵌入汽缸黏性流体中的活塞的阻力 P 与活塞的运动速度成比例关系。由于来自黏性流体，所以这个模型称为粘滞型。

实际的阻尼性状严格来说与振动速度不成比例，但由于：

1）在数学的处理上非常的便利；

2）大多数建筑结构物的阻尼性状能以很高的精度表现出来。

因此，内部黏滞型的阻尼模型经常应用于抗震设计、振动分析等。

振动时的速度为 $\dot{x}$ 时，

$$P \propto \dot{x} \tag{2.40}$$

此时的比例常量为黏性阻尼系数 c，有时 c 简称为**阻尼系数**（damping coefficient）。

$$P = c\dot{x} \tag{2.41}$$

阻尼的大小在量上进行评价时用到的阻尼常数 h 与黏性阻尼系数 c 的关系为 $h = c/(2\sqrt{mk})$。阻尼常数 h 在后面章节进行详细说明。比如“阻尼 2%”默认的意思就是把阻尼模型当作内部粘滞型考虑时其建筑物的阻尼常数 h 为 2%。内部粘滞型的阻尼模型在建筑结构物的抗震设计中是被熟知的。

2.2.2 运动方程和解

a. 运动方程的推导

阻尼作用下单自由度系统建筑物的自由振动运动方程推导方法如下。

黏性阻尼系数为 c 的内部粘滞型阻尼构件位于结构物内部，振动状态下质点 m 受到来自弹簧的恢复力 kx 及阻尼力 $c\dot{x}$。恢复力作用于位移负的方向。质点速度 $\dot{x}$ 的阻尼力作用在阻碍运动的方向。振动部分的质点 m 根据牛顿第二定律产生惯性力，即：

$$m\ddot{x}=-kx-c\dot{x} \qquad (2.42)$$

给自由振动的单质点系统施加恢复力（$-kx$）和阻尼力（$-c\dot{x}$），根据达朗贝尔原理的作用惯性力（$-m\ddot{x}$）产生作用。

考虑这些力的平衡，可以表示为下式：

$$(-kx)+(-c\dot{x})+(-m\ddot{x})=0 \qquad (2.43)$$

即，

$$m\ddot{x}+c\dot{x}+kx=0 \qquad (2.44)$$

上式如图 2.17 所示，可表示为恢复力和位移成比例，阻尼力和速度成比例的线性振动状态。此运动方程与无阻尼自由振动相同，因为它是未知数 x 以及 x 的一次微分式，所以在数学上是线性微分方程。

b. 特性方程

阻尼单自由度系统自由振动的运动方程，是通过质点产生的惯性力 $m\ddot{x}$、作用在柱子上的恢复力 kx 以及阻尼力 $c\dot{x}$ 这三个力的和等于 0 来求出 x 的方程。运动方程所包含的位移 x，速度 $\dot{x}$ 及加速度 $\ddot{x}$ 都是时间 t 的函数，这个 x 就是运动方程的解，并且“始终为 0”的含义是在自由振动的时间内一直为 0。

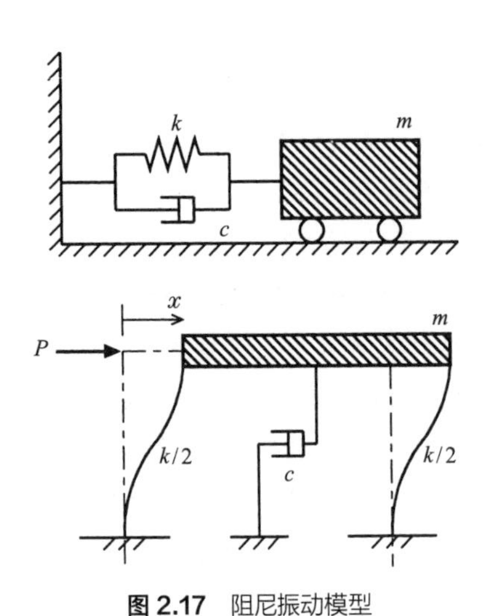

图 2.17 阻尼振动模型

两边除以 m，

$$\ddot{x}+\frac{c}{m}\dot{x}+\frac{k}{m}x=0 \qquad (2.45)$$

式中，$\omega^2=k/m, 2h\omega=c/m$，由此，

$$\ddot{x}+2h\omega\dot{x}+\omega^2x=0 \qquad (2.46)$$

阻尼常数 h 是表示阻尼大小的重要量。阻尼常数 h 在以后章节会进行详细说明，在现阶段，可以把 $h=c/2\sqrt{m/k}$ 当作变量转换来考虑。解 x 得：

$$x(t)=Ae^{\lambda t} \qquad (2.47)$$

把微分方程（2.46）代入可得：

$$(\lambda^2+2h\omega\lambda+\omega^2)A=0 \qquad (2.48)$$

由于 $A=0$ 时不会出现振动，由此得出关于 λ 的 2 次方程式（2.49）。

$$\lambda^2+2h\omega\lambda+\omega^2=0 \qquad (2.49)$$

此 2 次方程的根为振动性状，即决定了阻尼特性，所以公式（2.49）称为**特性方程**（characte-ristic equation），求这两个根得：

$$\lambda=-h\omega\pm\omega\sqrt{h^2-1} \qquad (2.50)$$

设 λ_1，λ_2 为此方程的 2 个共轭的根，$e^{\lambda_1 t}$，$e^{\lambda_2 t}$ 是微分方程的两个独立基本解。

$$x(t)=A_1e^{\lambda_1 t}+A_2e^{\lambda_2 t} \qquad (2.51)$$

通解所表示的阻尼振动的特性根据阻尼常数 h 的值不同而不同，而且，A_1、A_2 是由边界条件决定的积分常量。

特性方程式（2.49）的根 λ，如公式（2.50）所示，在数学上 $\sqrt{\ }$ 中根据正数、0、负数的情况，分别为不等的两个实数、一个负实数（重根）、两个共轭复数。在建筑结构中，$\sqrt{\ }$ 中的值不可能为正数或 0，只为负值。在实际建筑结构的物理现象，没有“c. 临界阻尼”或者“d. 过阻尼”所述的现象，作为建筑结构的振动现象，只考虑“2.2.3 阻尼振动的特性”即可。只是没有临界阻尼以及过阻尼的知识就不能理解对阻尼振动的解释，且 $\sqrt{\ }$ 中是负数时，以数学方式处理复数有些繁琐。

c. 临界阻尼

公式（2.50）$\sqrt{\quad}$ 内为 0 时 $h=1$，此时特性方程的根是 $\lambda=-\omega$，基本解为 $e^{-\omega t}$ 和 $te^{-\omega t}$，给出初始条件 $x(t)$ 和 $\dot{x}(t)$ 时，通解的表达如下：

$$x(t)=(A_1+A_2t)\cdot e^{-\omega t} \tag{2.52}$$

该黏性阻尼系数 c 称为**临界阻尼系数**，通常用 c_{cr} 表示。这意味着**临界阻尼**（critical damping）是振动和非振动的边界，即振动处于临界状态，此临界阻尼对应于接下来将要说明的过阻尼和阻尼之间的边界，且随着时间的推移衰减而不再振动，临界状态的单词是 critical，因此标记为 c_{cr}。

将 $h=1$ 代入 $\omega^2=k/m$，$2h\omega=c/m$，得：

$$c_{cr}=2\sqrt{mk} \tag{2.53}$$

临界阻尼可以作为弹簧恢复力和阻尼力平衡的状态来考虑。

d. 过阻尼

公式（2.50）$\sqrt{\quad}$ 内为正值时，$h>1$，特性方程的根为 λ_1，$\lambda_2=-h\omega\pm\omega\sqrt{h^2-1}$ 基本解为 $e^{\lambda_1 t}$ 和 $e^{\lambda_2 t}$，通解的表达如下：

$$x(t)=e^{-h\omega t}\left(A_1e^{\sqrt{h^2-1}\omega t}+A_2e^{-\sqrt{h^2-1}\omega t}\right) \tag{2.54}$$

这个解 x 不随时间 t 的推移而振动，并且 $e^{-h\omega t}$ 无限趋近于 0（图 2.18）。非振动运动是因为阻尼过大所造成的。大幅度衰减是相对的，意味着阻尼比恢复力更强，称为**过阻尼**（over damping）。过阻尼时的黏性阻尼系数 c 比临界阻尼系数大，$c>c_{cr}$。

$$c>2\sqrt{mk} \tag{2.55}$$

过阻尼因初始条件 A_1、A_2 的不同，初始的运动不同，但经过一段时间都静止为 0。这相当于振动系统在高黏性流体中自由振动的情况。

e. 阻尼振动

公式（2.50）中 $\sqrt{\quad}$ 中为负时，$h<1$，特性方程的根为 λ_1，$\lambda_2=-h\omega\pm\omega\sqrt{1-h^2}$ 的共轭复数，基本解为 $e^{\lambda_1 t}$ 和 $e^{\lambda_2 t}$，通解 $x(t)=A_1e^{\lambda_1 t}+A_2e^{\lambda_2 t}$ 的表达如下：

$$x(t)=A_1\left(e^{-h\omega t}\cdot e^{i\sqrt{1-h^2}\omega t}\right)+A_2\left(e^{-h\omega t}\cdot e^{-i\sqrt{1-h^2}\omega t}\right) \tag{2.56}$$

$$x(t)=e^{-h\omega t}\left(A_1e^{i\sqrt{1-h^2}\omega t}+A_2e^{-i\sqrt{1-h^2}\omega t}\right) \tag{2.57}$$

指数函数 e 的指数部分是复数。通解 $x(t)$ 在表示振动的物理现象时是实数解，所以未知系数 A_1 和 A_2 也必须是复数。考虑到公式（2.57）的欧拉公式，

$$x(t)=e^{-h\omega t}\left[(A_1+A_2)\cos\sqrt{1-h^2}\omega t+i(A_1-A_2)\sin\sqrt{1-h^2}\omega t\right] \tag{2.58}$$

$x(t)$ 是实数，（A_1+A_2）和 i（A_1-A_2）都必须是实数。因此未知系数 A_1 和 A_2 也必须为共轭复数。$A=$（A_1+A_2）和 $B=i$（A_1-A_2），A，B 都是实数。

$$x(t)=e^{-h\omega t}\left(A\cos\sqrt{1-h^2}\omega t+B\sin\sqrt{1-h^2}\omega t\right) \tag{2.59}$$

上式是由简谐波的振动项即振幅减少的 $e^{-h\omega t}$ 项和固有圆频率 $\sqrt{1-h^2}\omega$ 的乘积构成的。简谐波的振动部分和它的振幅减少的部分进行乘法运算，产生阻尼振动，公式（2.59）可表示为下式：

$$x(t)=X_c e^{-h\omega t}\cos\left(\sqrt{1-h^2}\omega t+\phi_c\right) \tag{2.60}$$

式中，$X_c=\sqrt{A^2+B^2}$

$\tan\phi_c=-\dfrac{B}{A}$

振幅 $X_c e^{-h\omega t}$ 和圆频率 $\sqrt{1-h^2}\omega$ 的简谐振动具有的相位滞后 ϕ_c 如图 2.19 所示。这意味着阻尼弱于弹簧恢复力系统经受阻尼振动（damped

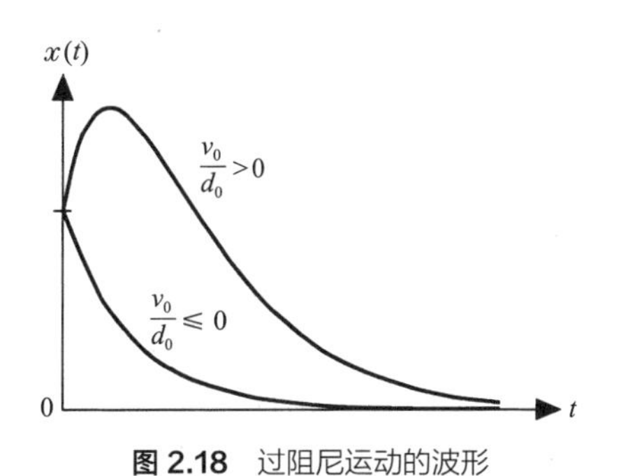

图 2.18 过阻尼运动的波形

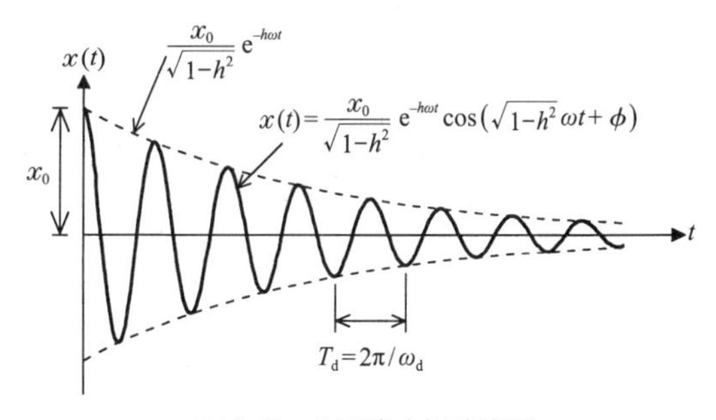

图 2.19 阻尼自由振动波形

vibration）的意思，阻尼振动时的黏性阻尼系数 c 小于临界阻尼系数 c_{cr}，$c<c_{cr}$。

$$c<2\sqrt{mk} \tag{2.61}$$

f. 阻尼常数

"b. 特性方程"中，$2h\omega=c/m$，由此推导出阻尼单自由度系统建筑物的自由振动的通解。阻尼常数 h 与阻尼系数 c 的关系为 $h=c/(2m\omega)$，将 $\omega^2=k/m$ 代入可得：

$$h=\frac{c}{2\sqrt{mk}} \tag{2.62}$$

若临界阻尼系数为 $c_{cr}=2\sqrt{mk}$，则，

$$h=\frac{c}{c_{cr}} \tag{2.63}$$

因此，阻尼常数（damping ratio 或者 damping factor）h 表示系统的阻尼系数 c 与临界阻尼系数 c_{cr} 的比，有时也称为**临界阻尼比**。阻尼常数 h 是无量纲参数，一般用 % 表示的比较多。初始条件和固有周期相同的建筑物中，各种阻尼常数的阻尼自由振动波形如图 2.20 所示。不同线型分别表示阻尼常数为 h=0.0、0.05、0.15、0.30 的情况，其中（a）图的初始条件为 d_0=0.0，v_0=2.0，（b）图的初始条件为 d_0=1.0，v_0=1.0，其固有周期都为 T=1.0s。随着 h 的增加，振动速度的收敛加快。h=0.30 时，经过 5 个周期左右的振动就基本收敛了。

建筑结构物的阻尼常数 h 一般约为百分之几，钢结构大约是 0.5% ~ 3.0%，钢筋混凝土结构大约是 1.0% ~ 5.0%。实际建筑结构物的阻尼常数 h 一般远小于 1（$h\ll 1$）。

【例题 2.4】质量 m=50t，阻尼系数 c=3.0kN·s/cm，刚度 k=1250kN/cm 的单质点阻尼系统，

（1）求阻尼常数。

（2）为了使阻尼常数为 10%，阻尼系数 c 要变为多少？

［解］（1）$c_{cr}=2\sqrt{mk}$

$$=2\times\sqrt{5.0\times10^4\,(\mathrm{kg})\times1.25\times10^8\,(\mathrm{N/m})}$$

$$=5.0\times10^6\,(\mathrm{N\cdot s/m})$$

阻尼常数 $h=\dfrac{c}{c_{cr}}=\dfrac{3.0\times10^5\,(\mathrm{N\cdot s/m})}{5.0\times10^6\,(\mathrm{N\cdot s/m})}=0.06$

因此阻尼系数 h=6%

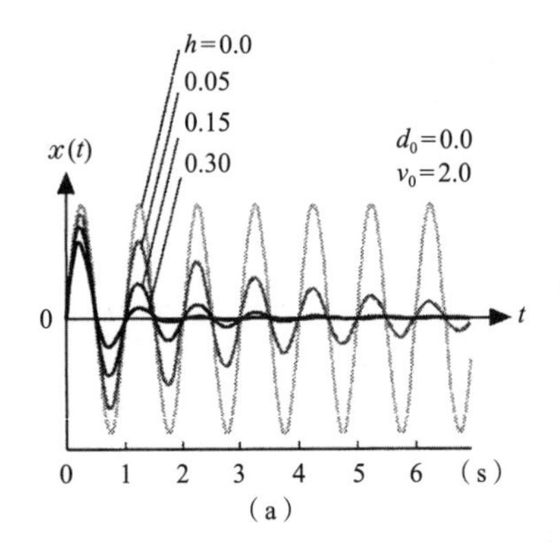

（a）

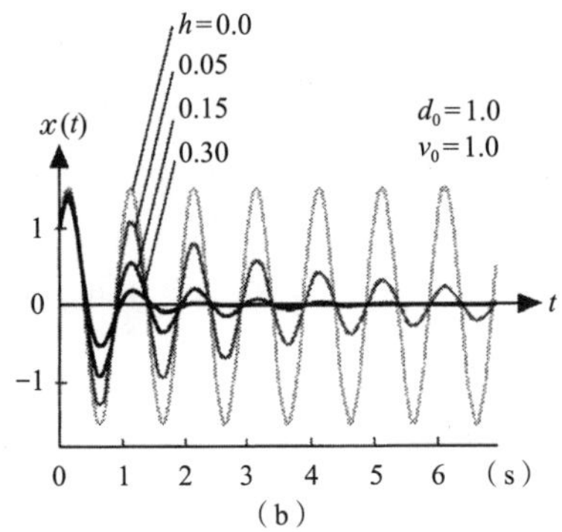

（b）

图 2.20 阻尼常数不同的自由振动波形（初始条件和固有周期相同）

（2）$c=h\times c_{cr}=0.10\times5.0\times10^6\,(\mathrm{N\cdot s/m})$

$$=5.0\times10^5\,(\mathrm{N\cdot s/m})=5.0\,(\mathrm{kN\cdot s/cm})$$

g. 初始条件

阻尼单自由度系统建筑物开始自由振动时设定 t=0，确定初始条件，假定初始位移 $x(0)=d_0$ 初始速度 $\dot{x}(0)=v_0$，代入公式（2.59），可得积分常量 A、B 为：

$$A=d_0,B=\frac{hd_0+v_0/\omega}{\sqrt{1-h^2}}$$

因此，运动方程的通解为：

$$x(t)=\mathrm{e}^{-h\omega t}\left[d_0\cos\sqrt{1-h^2}\,\omega t+\left(\frac{hd_0+v_0/\omega}{\sqrt{1-h^2}}\right)\sin\sqrt{1-h^2}\,\omega t\right] \tag{2.64}$$

或，

$$x(t)=X_c\mathrm{e}^{-h\omega t}\cos\left(\sqrt{1-h^2}\,\omega t+\phi_c\right) \tag{2.65}$$

式中，$X_c=d_0\sqrt{1+\dfrac{(h+v_0/\omega d_0)^2}{1-h^2}}$

$$\tan\phi_c=\frac{-(h+v_0/\omega d_0)}{\sqrt{1-h^2}}$$

· 当初始条件为 $x(0)=d_0$，$\dot{x}(0)=0$ 时，

$$x(t)=\left(\frac{d_0}{\sqrt{1-h^2}}\right)e^{-h\omega t}\cos\left(\sqrt{1-h^2}\omega t+\phi_c\right) \quad (2.66)$$

式中，$\tan\phi_c=-h/\sqrt{1-h^2}$。

当在开始施加 d_0 的强制位移并马上释放的时候，它是自由振动。图 2.21 显示了初始位移 $d_0=1$ 和固有圆频率相同的建筑物中，各种阻尼常数的阻尼自由振动的波形。阻尼振动随着时间 t 沿细线包络线 $e^{-h\omega t}$ 衰减，振幅呈指数曲线变化。然而，阻尼振动的曲线永远不会超出包络线 $e^{-h\omega t}$，而是随着时间流逝趋近于 0。

· 当初始条件为 $x(0)=0$，$\dot{x}(0)=v_0$ 时，

$$x(t)=\left[\left(\frac{v_0}{\sqrt{1-h^2}}\right)e^{-h\omega t}\sin\sqrt{1-h^2}\omega t\right] \quad (2.67)$$

仅在开始时赋予速度，相当于给静止中的建筑物施加冲击力 f，质点 m 上的力 f 作用于微小时间 dt 内，根据牛顿第二定律，会产生 $m\ddot{x}=f$ 的惯性力。时间 dt 间的速度从 0 急剧变为 $v_0=f\cdot dt/m$。位移虽然是 $d_0=f\cdot dt^2/2m$，但是位移是微小时间 dt 的 2 次方所以速度还是比较微量的，可以视为 $x(0)=0$。

【例题 2.5】如图 2.22 所示，重量 $W=400$kN，刚度 $k=1000$kN/cm，阻尼常数 $h=5\%$ 的单质点阻尼系统。

（1）求此振动系统的阻尼固有圆频率、阻尼固有周期、阻尼固有频率。

（2）质点的初始位移 $d_0=0.5$cm，初始速度 $v_0=15.0$cm/s 时，求自由振动的解。

[解]（1）质量 $m=W/g=4.0\times10^5(\text{N})/9.8(\text{m/s}^2)=4.08\times10^4(\text{kg})$，阻尼固有圆频率是：

$$\omega_d=\sqrt{1-h^2}\omega=\sqrt{(1-h^2)\times(k/m)}$$
$$=\sqrt{(1-0.05^2)\times1.0\times10^8(\text{N/m})/4.08\times10^4(\text{kg})}$$
$$=49.45(\text{rad/s})$$

阻尼固有周期 T_d，阻尼固有频率 f_d 为：

$$T_d=\frac{2\pi}{\omega_d}=\frac{2\pi}{49.45}=0.127(\text{s})$$

$$f_d=\frac{1}{T}=\frac{1}{0.127}=7.87(\text{Hz})$$

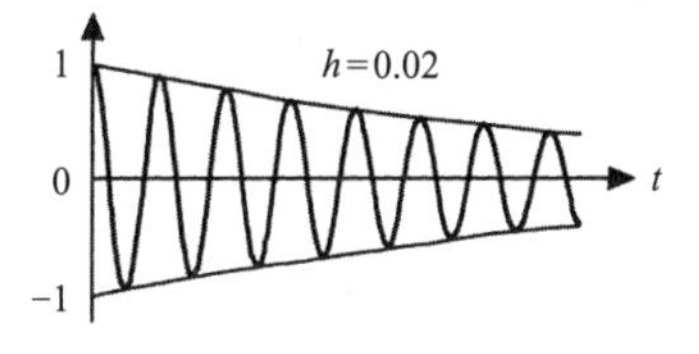

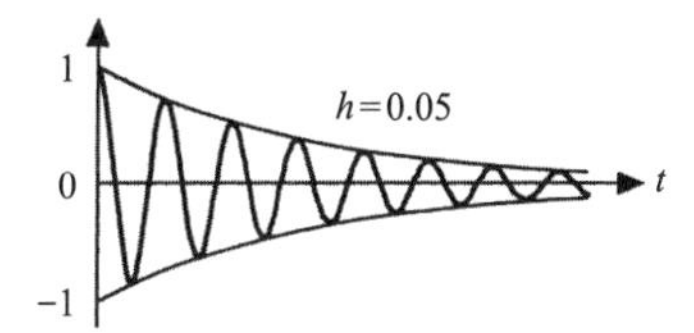

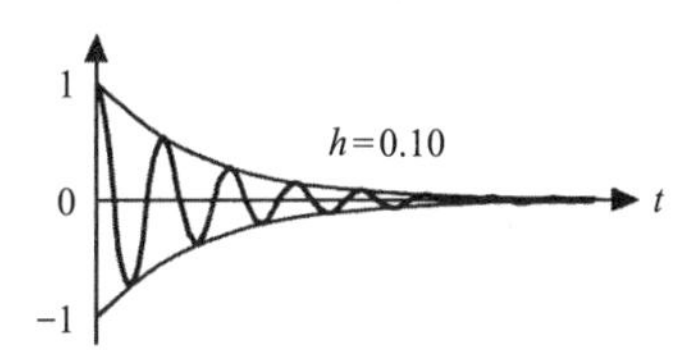

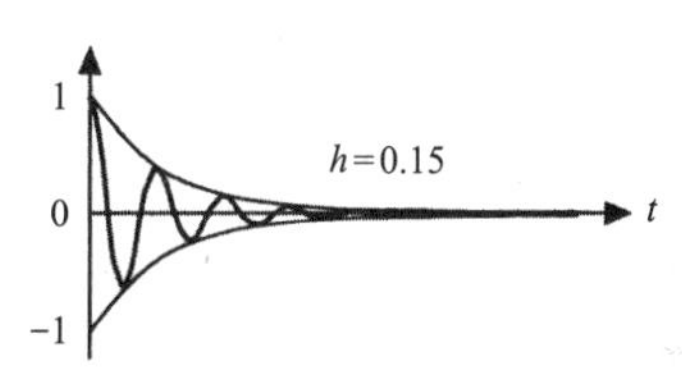

图 2.21 阻尼常数和指数曲线

（初始位移和固有周期相同的自由振动波形）

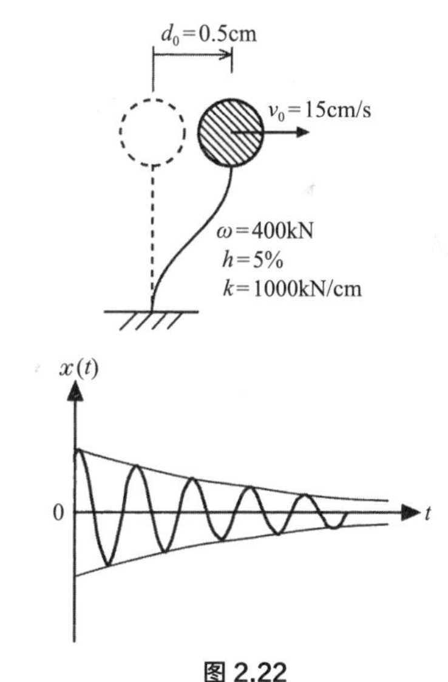

图 2.22

（2）阻尼自由振动的通解为：$x(t)=X_c e^{-h\omega t}\cos\left(\sqrt{1-h^2}\omega t+\phi_c\right)$，初始条件为 d_0=0.5（cm），v_0=15.0（cm/s），把固有频率 $\omega=\sqrt{k/m}$ =49.51（rad/s），阻尼常数 h=0.05 代入，得：

$$X_c = d_0\sqrt{1+\frac{(h+v_0/\omega d_0)^2}{1-h^2}}$$

$$= 0.5\sqrt{1+\frac{(0.05+15.0/49.51/0.5)^2}{1-0.05^2}}$$

$$= 0.598(\text{cm})$$

$$\phi_c = \tan^{-1}\left[\frac{-(h+v_0/\omega d_0)}{\sqrt{1-h^2}}\right]$$

$$= \tan^{-1}\left[\frac{-(0.05+15.0/49.51\times 0.5)}{1-0.05^2}\right]$$

$$= \tan^{-1}(-0.657) = -0.581(\text{rad})$$

因此，$x(t)=0.598\mathrm{e}^{-0.05\times 49.51\times t}\cos(49.45t-0.581)\text{cm}=0.598\mathrm{e}^{-2.48t}\cos(49.5t-0.581)\text{cm}$。此自由振动是振幅为 0.598cm，圆频率为 49.5rad/s，初始相位（相位滞后）为 −0.581rad 的阻尼简谐振动。

2.2.3　阻尼振动的特性

无阻尼单自由度系统自由振动的通解是由振幅、圆频率以及相位滞后三要素决定振动状态的单质点振动。阻尼单自由度系统自由振动的通解是振幅、圆频率以及相位滞后各种变化形成的振动形状。

初始位移 $x(0)=d_0$，初始速度 $\dot{x}(0)=v_0$ 时的阻尼单自由度系统自由振动的通解为公式（2.65）。

a. 阻尼固有频率

考虑阻尼的固有圆频率是不考虑阻尼的固有圆频率 ω 和 $\sqrt{1-h^2}$ 相乘的 $\sqrt{1-h^2}\,\omega$。用 ω_d 来表示考虑阻尼的固有圆频率，与通过 $\sqrt{k/m}$ 得出的 ω 相区别。ω_d 称为**阻尼固有圆频率**（damping natural circular frequency），ω 称为**无阻尼固有圆频率**（undamping natural circular frequency）。

基本的无阻尼固有圆频率 ω 通过质量 m 和刚度 k 得出。阻尼固有圆频率 ω_d 是由阻尼单自由度系统自由振动的运动方程 $m\ddot{x}+c\dot{x}+kx=0$ 中系数 m、c、k 所决定的系统的固定值，与规定的自由振动初始条件无关。

阻尼固有频率 $\sqrt{1-h^2}\,\omega$ 虽然比 ω 小，但是在建筑结构物上 $h\ll 1$，当假定 $h=10.0\%$ 时，$\sqrt{1-h^2}=\sqrt{1-0.01}=\sqrt{0.99}\approx 0.995$。通常建筑结构物的阻尼固有圆频率和无阻尼固有圆频率可以认为基本相等。

$$\omega_d \approx \omega \tag{2.68}$$

考虑阻尼的固有周期和固有频率分别称为**阻尼固有周期**（damping natural circular frequency），**阻尼固有频率**（damping natural circular frequency），用 T_d、f_d 来表示，$T_d=2\pi/\omega_d$，$f_d=1/T_d$。

$$T_d \approx T \tag{2.69}$$

$$f_d \approx f \tag{2.70}$$

在 $h<20\%$ 的范围内，阻尼对固有圆频率、固有周期、固有频率的影响几乎可以忽略不计。

【例题 2.6】 当阻尼常数 h 从 1.0% 变化到 15% 时，比较阻尼固有周期和无阻尼固有周期的差别。

[解] $T_d=2\pi/\omega_d$，$\omega_d=\sqrt{1-h^2}\,\omega$，$T=2\pi/\omega$，

$$T_d = \frac{T}{\sqrt{1-h^2}}$$

$$T/T_d = \sqrt{1-h^2}$$

阻尼固有周期和无阻尼固有周期的差别很小，T_d 和 T 在 $h=10\%$ 以内相差 1%，在 $h=15\%$ 时为 1.1%。h 和 $\sqrt{1-h^2}$ 的关系如图 2.23 所示。

b. 振幅的阻尼特性

阻尼振动的特征在于其振幅随时间 t 的变化而变化。

在阻尼单自由度系统自由振动的通解公式（2.65）中，振幅的时间变化由 $X_c\mathrm{e}^{-h\omega t}$ 表示。

h(%)	0.0	1.0	3.0	5.0	8.0
T/T_d	1.00	0.9999	0.9995	0.9987	0.9968
h(%)	10.0	13.0	15.0		
T/T_d	0.9950	0.9915	0.9887		

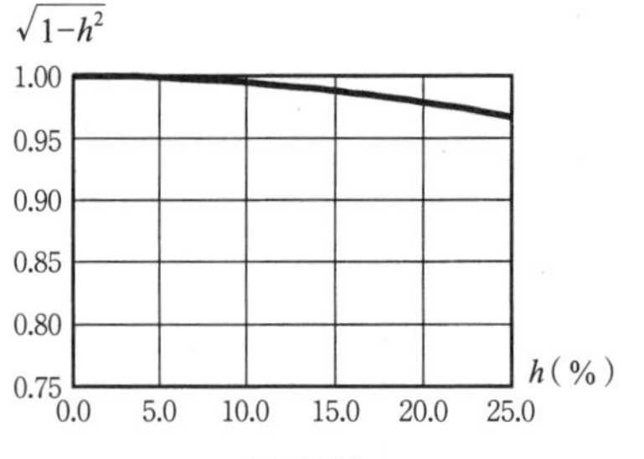

图 2.23

$$X_{\mathrm{c}}=d_0\sqrt{1+\frac{\left(h+v_0/\omega d_0\right)^2}{1-h^2}}$$

X_{c}是由自由振动的初始条件d_0、v_0以及建筑结构物的阻尼常数h和固有圆频率ω所确定的，不是时间的函数。与此相对的是，指数函数$\mathrm{e}^{-h\omega t}$是时间函数，随着时间t呈曲线减少直至趋近于0。

指数函数$\mathrm{e}^{-h\omega t}$包含阻尼常数h和固有圆频率ω作为参数。在无阻尼自由振动部分研究了ω对振动特性的影响，在此，阻尼常数h作为参数研究阻尼振动的特性。图2.20为固有周期T不变而阻尼常数h发生变化时的自由振动波形。初始位移为1，初始速度为0，从这些波形中得知如下情况：

1）阻尼常数越小，一周期内振幅的降幅就会变小，阻尼振动持续的时间就长。

2）阻尼常数越大，一周期内振幅的降幅就会变大，振动就会加速收敛。

3）$X_{\mathrm{c}}\mathrm{e}^{-h\omega t}$所表示的振幅随着时间$t$呈指数曲线衰减。

c. 振幅比和对数衰减率

我们已经知道，当阻尼自由振动时阻尼常数h起到随时间的推移而减小振幅的作用，下面将更详细的介绍振幅的衰减。

仅给出位移d_0作为初始条件的阻尼自由振动的解，可以通过公式（2.71）来表示。

$$x(t)=\frac{d_0}{\sqrt{1-h^2}}\mathrm{e}^{-h\omega t}\cos\left(\omega_{\mathrm{d}}t+\phi_{\mathrm{c}}\right) \qquad (2.71)$$

式中，$\tan\phi_{\mathrm{c}}=-h/\sqrt{1-h^2}$

此波形如图2.24所示，振动波形正侧的各峰值时刻t_1，t_2，t_3，…，t_i，…对应振幅为x_1，x_2，x_3，…，x_i，…，相邻的振幅比为：

$$\frac{x_1}{x_2}=\frac{\mathrm{e}^{-h\omega t_1}}{\mathrm{e}^{-h\omega t_2}}=\mathrm{e}^{h\omega(t_2-t_1)}$$

$$\frac{x_2}{x_3}=\frac{\mathrm{e}^{-h\omega t_2}}{\mathrm{e}^{-h\omega t_3}}=\mathrm{e}^{h\omega(t_3-t_2)}$$

$$\vdots$$

$$\frac{x_i}{x_{i+1}}=\frac{\mathrm{e}^{-h\omega t_i}}{\mathrm{e}^{-h\omega t_{i+1}}}=\mathrm{e}^{h\omega(t_{i+1}-t_i)}$$

$$\vdots$$

（t_2-t_1），（t_3-t_2），…，（$t_{i+1}-t_i$），…为振幅相邻峰值间的时刻间隔，即建筑结构物1个周

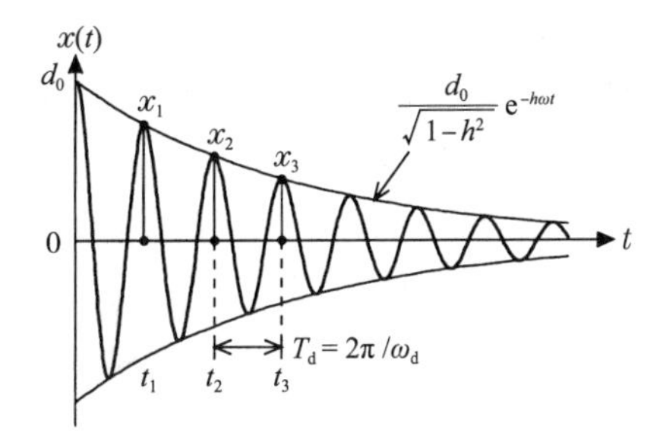

图2.24 振幅比和对数衰减率

期的振动时间。也就是说（t_2-t_1），（t_3-t_2），…，（$t_{i+1}-t_i$），…意味着固有周期T_{d}的意思。

$$T_{\mathrm{d}}=\frac{2\pi}{\omega_{\mathrm{d}}}=\frac{2\pi}{\sqrt{1-h^2}\omega} \qquad (2.72)$$

$$\frac{x_i}{x_{i+1}}=\mathrm{e}^{h\omega T_{\mathrm{d}}}=\mathrm{e}^{2\pi h/\sqrt{1-h^2}} \qquad (2.73)$$

可以看出，相邻振幅的比值是由阻尼常数h所决定的一个定值，这个定值称为**振幅比**或者**振幅衰减比**。用此振幅比可知振幅在1个固有周期时间内振动减少了多少。

对公式（2.73）两边取对数，相邻振幅比的对数为：

$$\mathrm{Log_e}\left(\frac{x_i}{x_{i+1}}\right)=\frac{2\pi h}{\sqrt{1-h^2}} \qquad (2.74)$$

此$\mathrm{Log_e}(X_i/X_{i+1})$称为对数衰减率（logarithmic decrement），用δ来表示。假设$\sqrt{1-h^2}\approx1$，能得到关于对数衰减率δ的简单形式的近似式。

$$\delta\approx2\pi h \qquad (2.75)$$

对于第i个峰值振幅x_i所对应的一个周期内振幅的减少量$\Delta x_i=x_i-x_{i+1}$表示如下：

$$\delta_i=\mathrm{Log_e}\left(\frac{x_i}{x_i-\Delta x_i}\right)=-\mathrm{Log_e}\left(\frac{x_i-\Delta x_i}{x_i}\right)$$

$$=-\mathrm{Log_e}\left(1-\frac{\Delta x_i}{x_i}\right)$$

泰勒级数展开为：

$$\delta_i=-\left[-\frac{\Delta x_i}{x_i}-\frac{(\Delta x_i/x_i)^2}{2}-\frac{(\Delta x_i/x_i)^3}{3}\cdots\right]$$

即

$$\delta_i\approx\frac{\Delta x_i}{x_i} \qquad (2.76)$$

对数衰减率近似于每个周期振幅的减少比例。

【例题 2.7】 固有周期 T=0.25s，阻尼常数 h=3% 的单质点阻尼系统。

（1）质点的初始位移 d_0=1.0cm，初始速度 v_0=0.0cm/s，求此状态下自由振动的解。

（2）要使阻尼振动的振幅降到 0.1cm 以下，计算需要几个周期。

[解]（1）阻尼自由振动的通解为 $x(t)=X_c e^{-h\omega t}(\cos\sqrt{1-h^2}\,\omega t+\phi_c)$，初始条件 d_0=1.0cm，v_0=0.0cm/s，固有圆频率 $\omega=2\pi/T=2\pi/0.25=25.1$rad/s，阻尼常数 h=0.03，代入下式可得：

$$X_c=\frac{d_0}{\sqrt{1-h^2}}=\frac{1.00}{\sqrt{1-0.03^2}}=1.00\,\text{cm}$$

$$\phi_c=\tan^{-1}\left(\frac{-h}{\sqrt{1-h^2}}\right)=\tan^{-1}\left(\frac{-0.03}{\sqrt{1-0.03^2}}\right)$$

$$=\tan^{-1}(-0.003001)=-0.0030\,\text{rad}$$

$$x(t)=1.00e^{-0.03\times25.1\times t}\cos(25.1t-0.0030)$$

$$\approx e^{-0.753t}\sin 25.1t\,\text{cm}$$

（2）如果初始振幅 x_0 时初始位移 d_0=1.0cm，第 n 个周期的振幅为 x_n，此阻尼振动系统的对数衰减率为 δ，$\log_e(x_0/x_n)=n\delta$ 得出 $\delta=2\pi h=2\pi\times0.03=0.188$。振幅降到 0.1cm 以下的必要条件是满足 $\log_e$(1.0/0.1) =$n\times0.188$ 的 n 个以上的循环数。根据 $\log_e 10=n\times0.188$，得出 $n=\log_e 10/0.188=2.30/0.188=12.2$，得出结论是 13 个周期后。

d. 阻尼自由振动的能量

无阻尼自由振动的动能 E_k 和势能 E_p 的和，也就是力学上的总能量 E_t 经常是一定值，即能量守恒法则成立。

下面介绍阻尼单自由度系统自由振动的能量关系。

阻尼自由振动的振动波形中第 i 个振动峰值为 x_i，对于 x_i，$\dot{x}=0$，所以动能为 0。在峰值振幅时，系统的总能量都转化为势能，此时势能 E_{pi} 为：

$$E_{pi}=\frac{kx_i^2}{2} \qquad (2.77)$$

第 i+1 个峰值振幅 x_{i+1} 对应的势能 E_{pi+1} 为（图 2.25）：

$$E_{p+1}=\frac{kx_{i+1}^2}{2} \qquad (2.78)$$

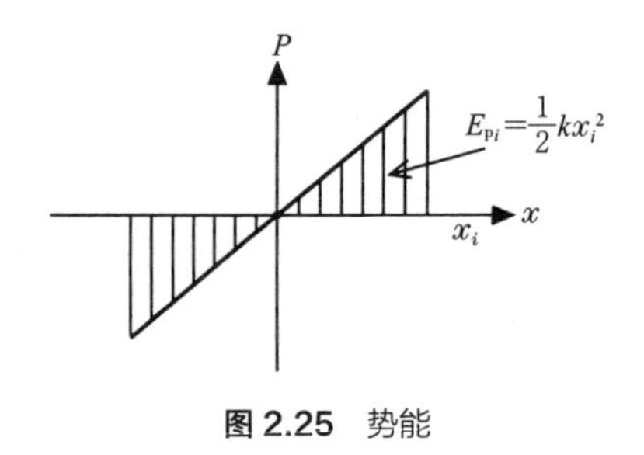

图 2.25 势能

从第 i 个开始到第 i+1 个周期内的振幅减少量（x_i-x_{i+1}）为 Δx_i，此周期的能量损失 ΔE_{pi} 为：

$$\Delta E_{pi}=\frac{kx_i^2}{2}-\frac{k(x_i-\Delta x_i)^2}{2} \qquad (2.79)$$

一个周期的能量损失量 ΔE_{pi} 与峰值振幅 x_i 对应的势能 E_{pi} 相除得到的值（$\Delta E_{pi}/E_{pi}$）称为**能量损失率**或者**能量消耗率**，用 ψ 表示。

$$\psi=2(\Delta x_i/x_i)-(\Delta x_i/x_i)^2 \qquad (2.80)$$

如“c. 振幅比和对数衰减率”所示，$\Delta x_i/x_i\approx 2\pi h$，假定 $h\ll1$，则（$\Delta x_i/x_i$）的二次项可以忽略。

$$\psi=2(\Delta x_i/x_i) \qquad (2.81)$$

而且因为 $\delta_i\approx\Delta x_i/x_i$，所以存在如下关系：

$$\psi=2\delta_i=4\pi h \qquad (2.82)$$

阻尼常数 h 可以用能量损失率 ψ 来表示。

$$h=\frac{\psi}{4\pi} \qquad (2.83)$$

另一方面，假定内部粘滞型的阻尼阻力为 $c\dot{x}$，对于该微小位移 dx 所做的功 $c\dot{x}$dx 即为该微小位移的消耗能量 ΔE_d。

$$\Delta E_d=\int c\dot{x}\,dx=\int_0^t c\dot{x}^2\,dt \qquad (2.84)$$

ΔE_d 是从自由振动开始到时间 t 为止阻尼力引起的能量消耗。$\dot{x}=\frac{dx}{dt}(\dot{x}dt=dx)$，因阻尼力而造成的能量消耗 ΔE_d 表示为总能量 E_t 减少。

如图 2.26 所示的时间 t_1，t_2，t_3，…，t_i，…相对应的振动波形的振幅为 x_1，x_2，x_3，…，x_i，…，时刻 t_1 时的总能量 E_{t1} 和时刻 t_i 时的 E_{ti} 之差 $E_{t1}-E_{ti}$ 是时间 t_i-t_1 之间阻尼力所造成的能量消耗 ΔE_d。当阻尼存在时，阻尼结构的能量消耗，由此可以看出动态能量守恒定律不成立。

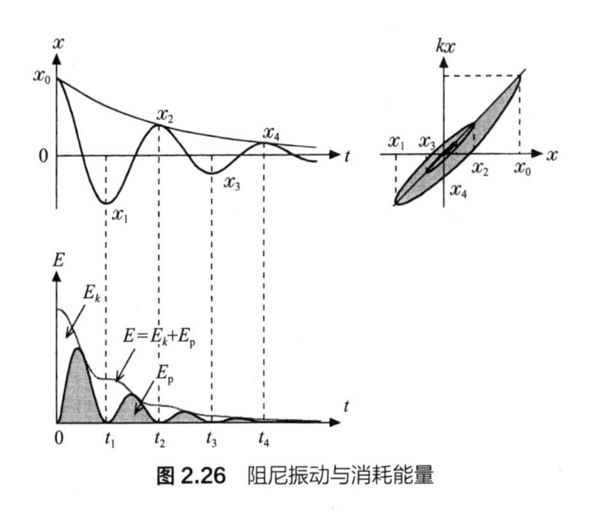

图 2.26　阻尼振动与消耗能量

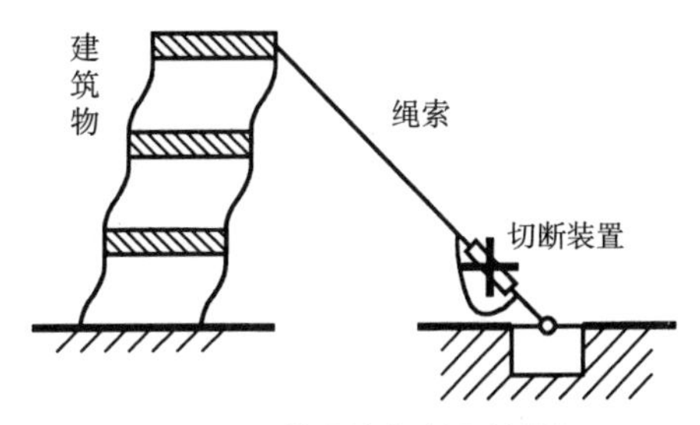

图 2.27　拉绳法自由振动试验

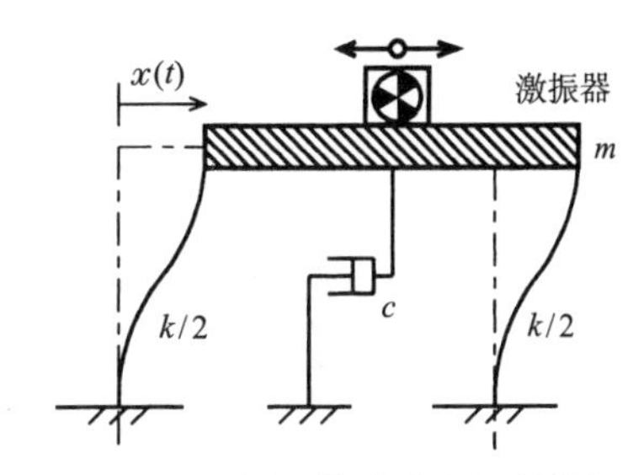

图 2.28　电机激振的自由振动试验

2.2.4　通过自由振动试验求解阻尼常数的方法

建筑结构物的阻尼常数 h，如之前所述，一般约为百分之几。与低层建筑相比，阻尼常数 h 在高层建筑物中会变小。此外，当建筑物内的隔间墙壁或者装饰材料比较多时 h 也会有变大的倾向。例如，在普通建筑物内的 h，钢结构大约为 0.5% ~ 3.0%，钢筋混凝土结构大约为 1.0% ~ 5.0%。建筑设计阶段阻尼常数 h 具体该如何确定呢？

a. 设计时的阻尼常数

自由振动运动方程 $m\ddot{x}+c\dot{x}+kx=0$ 中的系数 m、c、k，质量 m 和刚度 k 的计算方法已经在“2.1 无阻尼自由度系统建筑物的自由振动”中加以说明。质量 m 和刚度 k 能够以非常高的精度进行计算，在设计阶段通过 m 和 k 所求出的固有周期，固有频率有很高的可靠性。对此，阻尼系数 c 或者说阻尼常数 h 的数值评价，在振动分析上尽管非常重要，但是不确定性较高。现阶段尚没有预测建筑结构物阻尼常数 h 的理论方法，设计阶段的阻尼常数 h 大都是运用之前的经验值或者惯用值而已。

在设计阶段，不确定的阻尼常数 h 是能根据建筑结构物竣工后的实际情况进行评价的。通过对自由振动的建筑物振动状态进行测定以及对其振动波形进行分析，能够评价阻尼常数 h。还可以通过分析测量的振动波形来了解建筑物的固有周期，并将其与设计时计算的固有周期进行比较。

b. 自由振动试验和波形测定

建筑物受到阻尼作用时自由振动的状态一般是不会发生的，有必要通过人为赋予初始条件来试验创建阻尼自由振动的状态。

自由振动试验通过如下方法实施。

1）小规模的建筑物，用绳子张拉建筑物给与初始位移，然后瞬间松开绳子，就会产生自由振动。给绳子施加的拉拽力越大，越容易得到用于分析阻尼常数的波形（图 2.27）。

2）稍重的建筑物或者规模较大的建筑物，在建筑物的上方安装电机（发动机），使其旋转频率与建筑物的固有频率相近，振动一旦开始就关掉开关，它就会自由振动。如果电机的旋转频率和建筑物的固有频率相同，由于共振现象而引起的振动其振幅会变大，就能比较容易地得到分析阻尼常数的波形（图 2.28）。

上述方法测量的阻尼自由振动的位移波形，类似于阻尼自由振动理论公式的情景再现波形，即波形包络线呈指数曲线减少的振动波形。然而，振幅的峰值很少与指数函数所表示的包络线紧密匹配，通常情况多少都会伴随一些紊乱。

为了测定波形，必须采用测量仪器和数据采集技术，自由振动试验中收录数据的方法在这里省略。

c. 对数衰减率对阻尼常数的评价

实际测量的波形中，假定已开始稳定自由振动的位移振幅的峰值为 x_1，每个固有周期对应的位移振幅峰值为 x_2，x_3，…，x_i，…，第（n–1）个周期后的位移振幅峰值为 x_n（参照图 2.24），则

$$\frac{x_1}{x_n}=\frac{x_1}{x_2}\cdot\frac{x_2}{x_3}\cdot\cdots\cdot\frac{x_{n-1}}{x_n}$$

（n–1）个周期间的振幅比 x_1/x_2，x_2/x_3，… x_{n-1}/x_n 在理论上是恒定的，但是从测定的波形中读取时，每个固有周期都有偏差。这种偏差通常发生在自由振动试验中。因此，（n–1）个周期内的振幅比 x_1/x_n 的对数衰减率计算如下：

$$\log_e\left(\frac{x_1}{x_n}\right)=(n-1)\delta \tag{2.85}$$

因此，一个周期内的对数衰减率为：

$$\delta=\frac{\log_e x_1-\log_e x_n}{n-1} \tag{2.86}$$

可以作为平均值来求。阻尼常数用 $h=\delta/2\pi$ 进行评价。目标固有周期的数量 n 越多，则阻尼常数的评价精度就越高。但是如果 n 设定过多，则阻尼自由振动的测定波形会有趋近于 0 的部分，有时候反而会造成阻尼常数的评价精度降低。再者，即使测定波形在渐进 0 之前，自由振动试验的建筑物的阻尼性状和内部粘滞型不完全一致，一旦设定多个 n，阻尼常数的评价精度也会降低，一般情况下采用 n=5 ~ 10 左右。

即使同一个建筑物，n 的评价方法、测定方法、测定时期等如下事宜也会造成阻尼常数 h 的评价值发生变化。

1）自由振动的产生方法

2）自由振动波形的测定方法

3）求对数衰减率 δ 所用的（$\log_e x_1-\log_e x_n$）/（n–1）中的 n 值

4）评价对数衰减率 δ 时 x_1 的确定方法

5）测定时间（白天还是深夜）

6）测试时期（竣工后的年数）

【例题 2.8】对一层的木结构住宅施加水平力，然后将水平力突然卸载进行自由振动试验（图 2.29）在横梁位置测定的振动位移的结果如下所示。

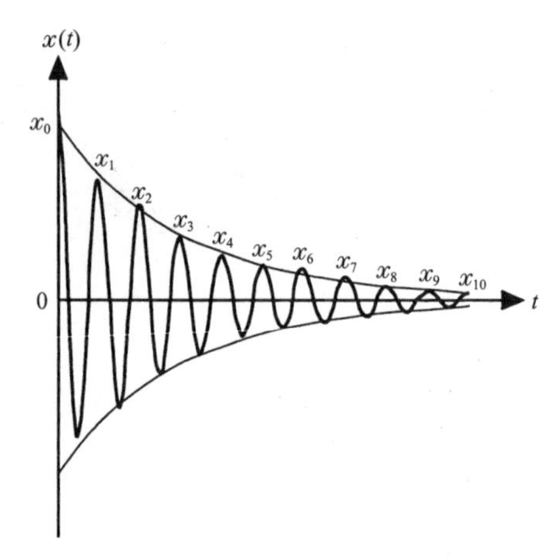

图 2.29

（1）计算每个周期的阻尼常数；

（2）评价此住宅水平方向的阻尼常数。

第 i 周期	1	2	3	4
振动位移 x_i（cm）	1.452	1.053	0.794	0.576

5	6	7	8	9	10
0.421	0.319	0.225	0.180	0.136	0.098

［解］（1）由 $\log_e(x_{i+1}/x_i)=2\pi h$，可通过每个周期的阻尼常数 $h=\log_e(x_{i+1}/x_i)/2\pi$ 来计算对数衰减率 δ。

例如第 1 周期中，$h=\log_e(1.452/1.053)/2\pi=\log_e 1.379/2\pi=0.051$

周期	1	2	3	4	5
阻尼常数 %	6.07	4.49	5.11	4.99	4.42

6	7	8	9	10
5.56	3.55	4.46	5.22	

（2）$\log_e(x_1/x_n)=(n-1)\delta$ 中带入 $n=10$，$x_1=1.452$，$x_{10}=0.098$ 得：

$$\delta=\frac{\log_e(1.452/0.098)}{9}=0.2995$$

$$h=\frac{\delta}{2\pi}=\frac{0.2995}{2\pi}=0.0477=4.77(\%)$$

或者，考虑当 $n=8$，$x_1=1.053$，$x_8=0.136$ 时，

$$\delta=\frac{\log_e(1.053/0.136)}{7}=0.2924$$

$$h=\frac{\delta}{2\pi}=\frac{0.2924}{2\pi}=0.0465=4.65(\%)$$

或者，把第（1）问中每个周期求出的值进行平均，得出 $h\approx4.87\%$。

2.3 阻尼单自由度系统建筑物简谐外力所引起的受迫振动

在“2.1 无阻尼单自由度系统建筑物的自由振动”中，在假定开始自由振动的建筑物晃动继续进行的情况下研究其振动特性。实际建筑物中存在阻尼作用，其在振动期间消耗能量。“2.2 阻尼单自由度系统建筑物的自由振动”中对自由振动的质量 - 弹簧系统在阻尼力作用下运动状态逐渐收敛至静止状态的振动特性进行了调查。

地震、风或者机械振动等引起结构物开始振动，并且这些外部刺激持续作用引起受迫振动。当结构物移动时能量被持续施加到系统，处理在振动期间从系统中失去能量而衰减的受迫振动。作为基础对单个振动输入，即外部刺激的简谐荷载系统作用于建筑物的受迫振动通过阻尼单自由度系统进行说明。

2.3.1 运动方程和解

a. 受迫振动定义

自由振动是指没有外力作用在结构物上或者外力作用消失之后的振动。对此，当作用外力时的振动称为**受迫振动**（forced vibration）。当 P 是作用于建筑物的外力时，在振动时 P 是时间的函数，所以准确地讲必须用 $P(t)$ 来表示。$P(t)$ 称为**激振力**（external force）或者称为**强制力**，可以分为周期性激振力和无周期性的随机激振力来考虑。能用只具有一个周期的 cos 曲线或者 sin 曲线表示的单振动外力 $P(t)$ 是最基本的受迫振动。cos 曲线或者 sin 曲线所表示的外力 $P(t)$ 称为**简谐外力**，可以设想为建筑物内安装的电机按照恒定的旋转速度保持转动的状态画面。

自由振动的运动方程 $m\ddot{x}+c\dot{x}+kx=0$ 中的质量 m、阻尼系数 c 和刚度 k 决定了阻尼单自由度系统建筑物的固有圆频率 ω 和阻尼常数 h，固有圆频率 ω 和阻尼常数 h 表示自由振动在每个建筑物上的固有特性。在简谐荷载下受迫振动时，建筑物的振动性状取决于每个建筑物固有的特性和简谐荷载的特性。

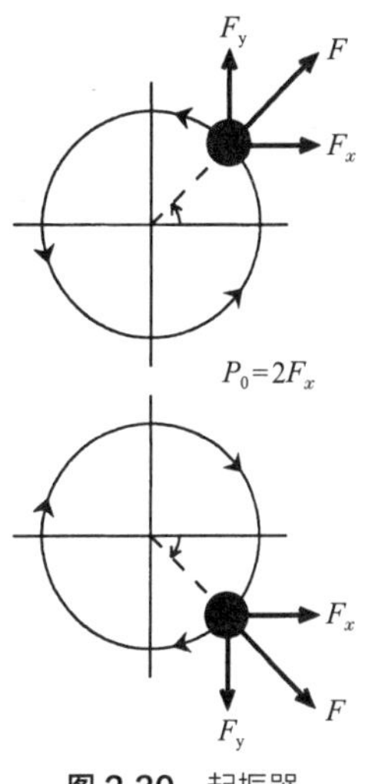

图 2.30 起振器

b. 运动方程的推导

考虑通过旋转安装在建筑物内的电机使建筑物处于振动状态（图 2.30），电机的旋转意味着具有恒定频率的激振力，嵌入电机以产生激振力的装置称为**激振器**（vibration generator）。考虑以圆频率 $\bar{\omega}$ 振动的激振器作为激振力，推导出受迫振动相关的运动方程。激振器的安装位置为单质点系统振动模型的质点 m，具体而言，就是在两根柱子和一根横梁组成的单层建筑物内，在 1 根刚性横梁支撑的屋顶板中设置激振器。

激振器产生的简谐荷载为 $P(t)=P_0\sin\bar{\omega}t$，$P_0$ 是激振器内部的电机功率，即激振力的大小。在使激振器振动的状态下质点 m 受到的力是通过弹簧的恢复力 kx 和阻尼力 $c\dot{x}$ 以及简谐荷载 $P(t)$（如图 2.31 所示）决定的，恢复力和阻尼力在质点 m 的位移负方向移动，并且在阻碍运动的方向上起作用。激振器直接设置在质点 m 上，所以简谐荷载 $P(t)$ 作用于质点 m 的位移正方向。振动的质点 m 是根据牛顿第二定律的惯性力所产生的。

$$m\ddot{x}=-kx-c\dot{x}+P(t) \tag{2.87}$$

在受迫振动的单质点系统的质量上作用有恢复力（$-kx$）、阻尼力（$-c\dot{x}$）以及简谐荷载 P，外加达朗贝尔原理得的惯性力（$-m\ddot{x}$），这些力的合力平衡可以用下式表示，即：

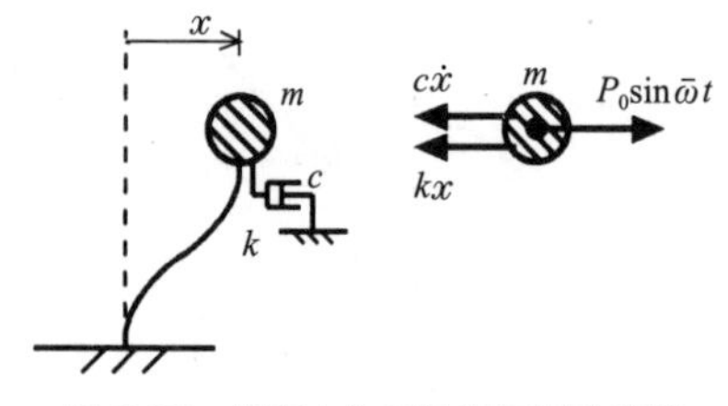

图 2.31 激振力作用的阻尼振动模型

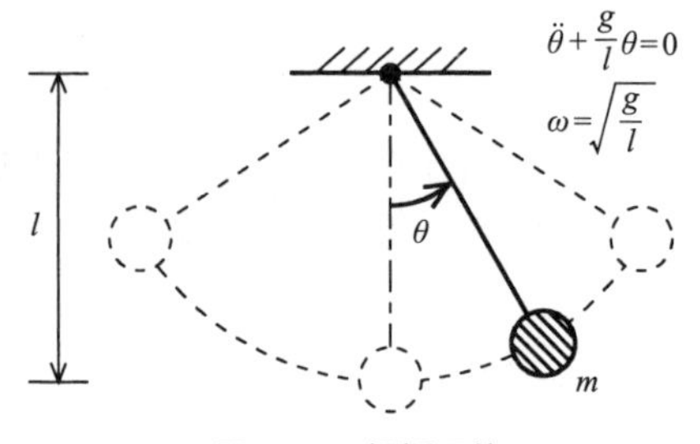

图 2.32 摆锤系统

$$(-kx)+(-c\dot{x})+P(t)+(-m\ddot{x})=0 \qquad (2.88)$$

一般记为：

$$m\ddot{x}+c\dot{x}+kx=P(t) \qquad (2.89)$$

惯性力和加速度、阻尼力和速度，以及恢复力和位移彼此成比例，导致线性振动。该运动方程是未知数 x 以及 x 的 1 阶微分和 2 阶微分的一次式，所以是线性微分方程。但是右边的 $P(t)$ 和未知数 $x(t)$ 是不同的函数，在数学上称为非齐次线性微分方程。此外，在“2.2 阻尼单自由度系统建筑物的自由振动”中的运动方程，因为没有强制力所以都是未知数 $x(t)$ 的项，在数学上称为齐次线性微分方程。

c. 运动方程的解

阻尼单自由度系统受迫振动的运动方程中，令作用于质点的简谐荷载、产生在质点的惯性力 $m\ddot{x}$、从柱上作用在质点的恢复力 kx 以及阻尼力（$-c\dot{x}$）这四个力的和始终为 0，求解 x 的方程。x 是运动方程的解。运动方程所包含的位移 x，速度 $\dot{x}$ 以及加速度 $\ddot{x}$ 都是时间 t 的函数。“始终为 0”表示在受迫振动时间内四个力的和始终为 0 的意思。

公式（2.89）的两边同除以 m 得：

$$\ddot{x}+\frac{c}{m}\dot{x}+\frac{k}{m}x=\frac{P(t)}{m} \qquad (2.90)$$

$$\ddot{x}+\frac{c}{m}\dot{x}+\frac{k}{m}x=\frac{P_0}{m}\sin\bar{\omega}t \qquad (2.91)$$

式中，$\omega^2=k/m$，$2h\omega=c/m$，因此，

$$\ddot{x}+2h\omega\dot{x}+\omega^2x=(P_0/m)\sin\bar{\omega}t \qquad (2.92)$$

微分方程（2.92）的解 x 可以通过日常生活的经验试着求出。上方悬挂的摆锤系统（图 2.32）具有固有频率，推动或拉动该摆锤系统时的运动不会随着摆锤系统的固有频率而晃动，而是与激振力在时间上同步振动。因此，阻尼单自由度系统受迫振动的解 x 被认为是与简谐外力 P 作用下圆频率 $\bar{\omega}$ 相同的振动。用 $x(t)=X\sin\bar{\omega}t$ 或者 $x(t)=X\cos\bar{\omega}t$ 计算的话是行不通的，通过简谐荷载的圆频率 $\bar{\omega}$ 所引起的振动，

$$x(t)=X_1\cos\bar{\omega}t+X_2\sin\bar{\omega}t \qquad (2.93)$$

把上式代入公式（2.92）中得：

$$\begin{aligned}&(-\bar{\omega}^2X_2-2h\omega\bar{\omega}X_1+\omega^2X_2-P_0/m)\sin\bar{\omega}t\\&+(-\bar{\omega}^2X_1+2h\omega\bar{\omega}X_2+\omega^2X_1)\cos\bar{\omega}t=0\end{aligned} \qquad (2.94)$$

针对时间 t，等式恒成立，因此，

$$-\bar{\omega}^2X_2-2h\omega\bar{\omega}X_1+\omega^2X_2-P_0/m=0 \qquad (2.95)$$

$$-\bar{\omega}^2X_1-2h\omega\bar{\omega}X_1+\omega^2X_1=0 \qquad (2.96)$$

上两式整理可得：

$$-2h\omega\bar{\omega}X_1+(\omega^2-\bar{\omega}^2)X_2-P_0/m=0 \qquad (2.97)$$

$$(\omega^2-\bar{\omega}^2)X_1+2h\omega\bar{\omega}X_2=0 \qquad (2.98)$$

考虑未知系数 X_1，X_2 的联立方程可得：

$$X_1=\frac{-2h\omega\bar{\omega}}{(\omega^2-\bar{\omega}^2)^2+(2h\omega\bar{\omega})^2}\cdot\frac{P_0}{m} \qquad (2.99)$$

$$X_2=\frac{\omega^2-\bar{\omega}^2}{(\omega^2-\bar{\omega}^2)^2+(2h\omega\bar{\omega})^2}\cdot\frac{P_0}{m} \qquad (2.100)$$

X_1 和 X_2 确定后，代入到公式（2.93）中求出解 $x(t)$。

$$\begin{aligned}x(t)&=\frac{P_0}{m}/\left[(\omega^2-\bar{\omega}^2)^2+(2h\omega\bar{\omega})\right]\\&\times\left[(-2h\omega\bar{\omega})\cos\bar{\omega}t+(\omega^2-\bar{\omega}^2)\sin\bar{\omega}t\right]\end{aligned} \qquad (2.101)$$

把与圆频率 $\bar{\omega}$ 相同的 cos 函数和 sin 函数合成一个谐波函数的形式 $x_p(t)$，则：

$$x_p(t)=X_p\sin(\bar{\omega}t-\phi_p) \qquad (2.102)$$

式中，$X_p=\sqrt{X_1^2+X_2^2}$

$$=\frac{P_0/m}{\sqrt{(2h\omega\bar{\omega})^2+(\omega^2-\bar{\omega}^2)^2}}$$

$$\tan\phi_p=-\frac{X_1}{X_2}=\frac{2h\omega\bar{\omega}}{\omega^2-\bar{\omega}^2}$$

公式（2.102）称为微分方程（2.92）的**特解**。运动方程（2.92）的右边为 0，阻尼自由振动的通解 $x_c(t)$ 加上特解的公式（2.102）的 $x_p(t)$，成为微分方程（2.92）的通解。

$$x(t)=x_c(t)+x_p(t) \quad (2.103)$$

$$x(t)=X_c e^{-h\omega t}\cos(\sqrt{1-h^2}\omega t+\phi_c)+X_p\sin(\bar{\omega}t-\phi_p) \quad (2.104)$$

式中，$X_c=d_0\sqrt{1+\frac{(h+v_0/\omega d_0)^2}{1-h^2}}$

$$\tan\phi_c=-\frac{(h+v_0/\omega d_0)}{\sqrt{1-h^2}}$$（d_0、v_0 为初始条件）

$$X_p=\frac{P_0/m}{\sqrt{(2h\omega\bar{\omega})^2+(\omega^2-\bar{\omega}^2)^2}}$$

$$\tan\phi_p=\frac{2h\omega\bar{\omega}}{\omega^2-\bar{\omega}^2}$$

公式（2.104）的第一项是圆频率 ω 所引起的振动，与初始条件无关，随时间 t 而衰减的自由振动。阻尼自由振动结束后仅是第二项的振动，即圆频率 $\bar{\omega}$ 的振动称为**稳态响应**（steady-state response）。受迫振动开始，因阻尼作用第一项随着时间持续减少，并且直到稳态响应之前的振动称为**瞬态响应**（transient response）。在“b. 运动方程的推导”中，以设置在建筑物上的激振器的振动状态为对象，其振动状态在激振器振动开始之后是瞬态响应的瞬态状态以及稳态响应的稳态状态。

受迫振动的运动方程在数学上是非齐次线性微分方程，其通解的第一项称为**余解**或者余函数，第二项称为特解或者**特殊解**（particular solution）。受迫振动的余解是阻尼自由振动的通解，可以看出它是通过阻尼 $e^{-h\omega t}$ 的影响消除振动。因此，受迫振动中稳态状态非常重要。受迫振动的通解中，以简谐荷载的圆频率 $\bar{\omega}$ 在振动中表示持续的稳态响应是非常重要的。

d. 叠加和拍现象

当阻尼单自由度系统同时作用两个简谐荷载 $P_1(t)$ 和 $P_2(t)$ 时，$P_1(t)=P_1\sin\bar{\omega}_1t$，$P_2(t)=P_2\sin\bar{\omega}_2t$，运动方程如下：

$$m\ddot{x}+c\dot{x}+kx=P_1\sin\bar{\omega}_1t+P_2\sin\bar{\omega}_2t \quad (2.105)$$

直接解此非齐次的线性微分方程并不简单。把公式（2.106）仅作用简谐荷载 $P_1\sin\bar{\omega}_1t$，公式（2.107）仅作用简谐荷载 $P_2\sin\bar{\omega}_2t$ 分别进行考虑，研究其求解 x_1 和 x_2 的方法。

$$m\ddot{x}_1+c\dot{x}_1+kx_1=P_1\sin\bar{\omega}_1t \quad (2.106)$$

$$m\ddot{x}_2+c\dot{x}_2+kx_2=P_2\sin\bar{\omega}_2t \quad (2.107)$$

将公式（2.106）和公式（2.107）的两边分别相加，可得：

$$m(\ddot{x}_1+\ddot{x}_2)+c(\dot{x}_1+\dot{x}_2)+k(x_1+x_2)=P_1\sin\bar{\omega}_1t+P_2\sin\bar{\omega}_2t \quad (2.108)$$

将公式（2.105）与公式（2.108）相比较得出 $x=x_1+x_2$。公式（2.105）的解表示的是对激振力 $P_1\sin\bar{\omega}_1t$ 的解和对激振力 $P_2\sin\bar{\omega}_2t$ 的解相加所求出的和。一般而言，可以看出，多个激振力同时作用于线性系统时的解决方案可以通过对每个激振力相加得出，这被称为**叠加原理**。

两个简谐荷载 $P_1\sin\bar{\omega}_1t$、$P_2\sin\bar{\omega}_2t$ 的振幅相等（$P_0=P_1=P_2$）时，假定圆频率 $\bar{\omega}_1$ 和 $\bar{\omega}_2$ 相接近（$\bar{\omega}_1<\bar{\omega}_2$），

$$\Delta\bar{\omega}=\frac{\bar{\omega}_2-\bar{\omega}_1}{2} \quad (2.109)$$

$$\bar{\omega}=\frac{\bar{\omega}_1+\bar{\omega}_2}{2} \quad (2.110)$$

因此 $\bar{\omega}_1=\bar{\omega}-\Delta\bar{\omega}$，$\bar{\omega}_2=\bar{\omega}+\Delta\bar{\omega}$。两个简谐荷载表示为 $P_0\sin(\bar{\omega}-\Delta\bar{\omega})t$，$P_0\sin(\bar{\omega}+\Delta\bar{\omega})t$。两个简谐荷载的和为 $P_0\sin(\bar{\omega}-\Delta\bar{\omega})t+P_0\sin(\bar{\omega}+\Delta\bar{\omega})t$，将 sin 的和变换为积的公式为 $2P_0\cos\Delta\bar{\omega}t\sin\bar{\omega}t$。两个简谐荷载和的波形如图 2.33 所示。这种波形称为**拍**（beat）。它是圆频率 $\bar{\omega}$ 所引起的简谐振动，其振幅按圆频率 $\bar{\omega}$（周期 $2\pi/\Delta\bar{\omega}$）的余弦随时间

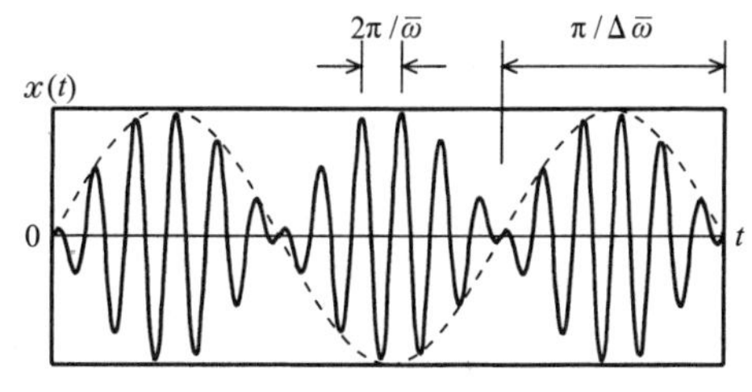

图 2.33 拍现象

变动。因此，振幅相等频率接近的两个简谐激振力同时作用时建筑物会产生振差。

2.3.2 简谐振动的特性

激振力的作用所引起的振动系统的行为称为**响应**（response），例如简谐振动阻尼单自由度系统的响应等。在受迫振动的响应中，瞬态响应结束后的稳态状态也称为**稳态响应**。

a. 动态放大率

将阻尼单自由度系统受迫振动的运动方程公式（2.92）的特解公式（2.102）中分母和分子同除以 $\omega^2=(k/m)$ 可得：

$$x_p(t)=\frac{P_0/k}{\sqrt{[2h(\bar{\omega}/\omega)]^2+[1-(\bar{\omega}/\omega)^2]^2}}\times\sin(\bar{\omega}t-\phi_p) \quad (2.111)$$

式中，$\tan\phi_p=\dfrac{2h(\bar{\omega}/\omega)}{1-(\bar{\omega}/\omega)^2}$

公式中的 $\bar{\omega}/\omega$ 是简谐荷载圆频率 $\bar{\omega}$ 与建筑物固有圆频率 ω 的比。$\bar{\omega}/\omega$ 为圆频率比，也表示系统输入频率与建筑物固有频率的比，因此很多情况下称为**频率比**。上式频率比 $\bar{\omega}/\omega$ 用 β 表示后可表示为公式（2.112）。

$$x_p(t)=\frac{P_0/k}{\sqrt{(2h\beta)^2+(1-\beta^2)^2}}\sin(\bar{\omega}t-\phi_p) \quad (2.112)$$

式中，$\tan\phi_p=\dfrac{2h\beta}{1-\beta^2}$

P_0 是简谐荷载 $P_0\sin\bar{\omega}t$ 所表示的激振器的大小，即表示激振力的振幅。k 是单自由度系统建筑物的刚度，P_0/k 表示力 P_0 作用于单自由度系统建筑物时的位移（图 2.34），这个位移称为**静态位移**（static displacement），用 x_s 来表示。x_s 用公式（2.112）表示可写为：

$$x_p(t)=\frac{x_s}{\sqrt{(2h\beta)^2+(1-\beta^2)^2}}\sin(\bar{\omega}t-\phi_p) \quad (2.113)$$

静态位移 x_s 与系统的固有频率或阻尼常数无关，而仅是对于静力 P_0 作用确定的位移。另一方面，圆频率 $\bar{\omega}$ 引起的稳态响应 $x_p(t)$ 的振幅随频率比 $\bar{\omega}/\omega$ 以及系统阻尼常数 h 而变化。从公式（2.112）中可以看出，稳态响应的振幅 $x_s/\sqrt{(2h\beta)^2+(1-\beta^2)^2}$ 是静态位移的 $1/\sqrt{(2h\beta)^2+(1-\beta^2)^2}$ 倍。静态位移的放大率为：

$$\alpha=\frac{1}{\sqrt{(2h\beta)^2+(1-\beta^2)^2}} \quad (2.114)$$

稳态响应公式为：

$$x_p(t)=\alpha x_s\sin(\bar{\omega}t-\phi_p) \quad (2.115)$$

在此，α 是由 $P_0\sin\bar{\omega}t$ 的简谐振动所引起的稳态响应的动态位移 $x_p(t)$ 的振幅 αx_s 与由静力 P_0 所引起的静态位移 x_s 的比，称为**动态放大率**（dynamic response factor）或者振幅放大率等。动态放大率是频率比 $\beta=\bar{\omega}/\omega$ 以及系统阻尼常数 h 的函数。

横坐标为频率比 β，β 与动态放大率的关系如图 2.35 所示。这个图表中不同的线对应不同的阻尼常数 h。$\beta\approx0$ 时，动态放大率 $\alpha\approx1$，也就是说，当简谐荷载的频率远小于系统固有频率时（$\bar{\omega}\ll\omega$）的 $x_p(t)$ 的振幅和静态位移 x_s 基本上相等。

$\bar{\omega}$ 越靠近 ω，α 就会越大，阻尼常数 h 越小其变大就越明显，尤其是当 $h=0$ 时，$\beta=1$ 处变得无穷大。输入频率在系统固有频率附近时振幅激增

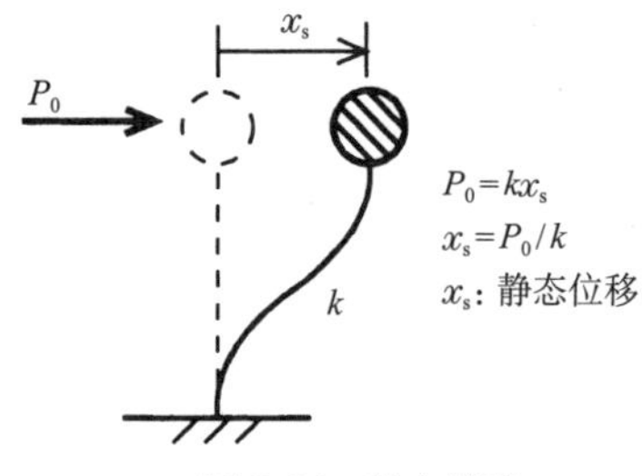

图 2.34 静态位移

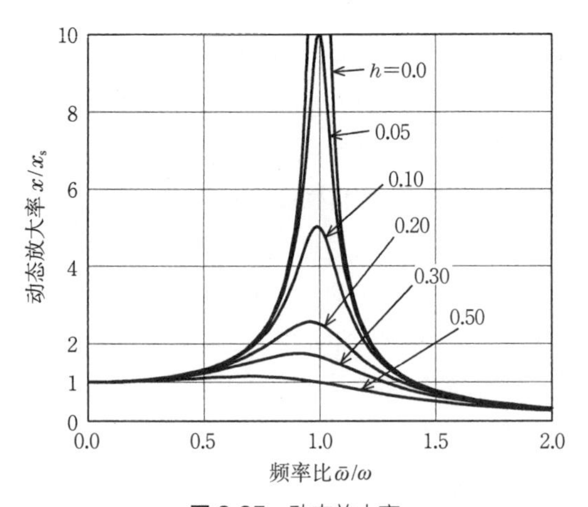

图 2.35 动态放大率

的现象称为**共振**（resonance），产生共振现象的频率称为**共振频率**（resonant frequency）。共振频率在 $h=0$ 时和固有频率一致，$h\neq 0$ 时比固有频率小。共振点 $\alpha=\dfrac{1}{2h}$，此 α 称为**共振振幅**。h 变大时 α 就会变小，$h=1/\sqrt{2}\approx 0.707$ 以上时共振曲线不存在波峰，也就不会发生共振现象。

输入频率比系统固有频率大时，惯性力和简谐荷载在相反方向作用于 $x_p(t)$ 的振幅会急剧减少，当输入频率变大（$\bar{\omega}\geqslant\omega$）且 $\alpha\approx 0$ 时系统不会振动。

【**例题 2.9**】重量 $W=300\text{kN}$，水平刚度 $k=800\text{kN/cm}$，阻尼常数为 $h=5\%$ 的单自由度系统建筑物。

（1）求共振时的动态放大率；

（2）求受到频率 $f=5.0\text{Hz}$ 的简谐激振力时的动态放大率。

[**解**]（1）共振时的频率比 $\beta=1$，将阻尼常数 $h=0.05$ 代入动态放大率 $\alpha=1/\sqrt{(2h\beta)^2+(1-\beta^2)^2}$，得出动态放大率 α 为：

$$\alpha=\frac{1}{\sqrt{(2\times 0.05\times 1)^2+(1-1^2)^2}}=\frac{1}{\sqrt{0.1^2}}=10$$

（2）质量 $m=W/g=3.0\times 10^5\text{N}/9.8\text{m/s}^2=3.06\times 10^4\text{kg}$，固有圆频率 $\omega=\sqrt{k/m}=\sqrt{8.0\times 10^7(\text{N/m})/3.06\times 10^4(\text{kg})}=51.12$（rad/s）。

因为简谐振动的圆频率为 $\bar{\omega}=2\pi f$，$\bar{\omega}=2\pi\times 5.0$（Hz）$=31.42$（rad/s），频率比 $\beta=\bar{\omega}/\omega=31.42/51.12=0.615$，由阻尼常数 $h=0.05$ 可得出动态放大率 α 为：

$$\alpha=\frac{1}{\sqrt{(2h\beta)^2+(1-\beta^2)^2}}$$

$$=\frac{1}{\sqrt{(2\times 0.05\times 0.615)^2+(1-0.615^2)^2}}$$

$$=\frac{1}{0.625}=1.60$$

b. 相位差函数

受迫振动阻尼单自由度系统的特解公式（2.112）中的 ϕ_p 表示为简谐荷载 $P(t)=P_0\sin\bar{\omega}t$ 和质量 m 的响应位移 $x_p(t)$ 的相位滞后（phase delay），从 $\tan\phi_p=2h\beta/(1-\beta^2)$ 中可求出相位函数 ϕ_p 为：

$$\phi_p=\tan^{-1}\left(\frac{2h\beta}{1-\beta^2}\right) \tag{2.116}$$

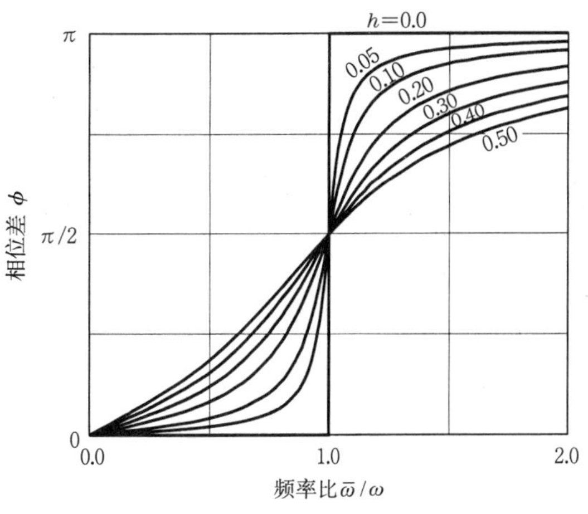

图 2.36 相位差函数

横坐标为频率比 β，β 与相位滞后 ϕ_p 的关系如图 2.36 所示。此图是频率比 β 与相对的相位滞后 $\tan^{-1}[2h\beta/(1-\beta^2)]$ 的关系曲线，称为**相位差曲线**（phase curve）。此图标的参数是和动态增幅率相同的阻尼常数 h。显示对于频率比的动态放大率以及相位滞后的关系曲线称为**共振曲线**（resonant curve）。

$\beta\approx 0$ 时相位滞后 $\phi_p\approx 0$，也就是说，当简谐荷载的频率远小于系统固有频率时（$\bar{\omega}\ll\omega$）几乎没有相位滞后。由于输入波形和响应波形同相位，因此质量 m 在与激振器的振动相同的时刻响应，并且激振力和质点的响应位移同时变为最大。

β 从 0 逐渐变大的同时 ϕ_p 也增大，共振点在 $\phi_p=\pi/2$ 处。但是没有阻尼的情况下（$h=0$），在 $0<\beta<1$ 之间 $\phi_p=0$，共振点变的不连续，在 $1<\beta$ 时，$\phi_p=\pi$。

当 β 超过共振点且输入频率大于固有频率时，ϕ_p 进一步增大并逐渐接近 π。所谓相位滞后 π 是输入波形和响应波形处于相反相位的状态，意味着激振器的振动和质量 m 的响应符号相反。

2.3.3 地面运动激振的受迫振动

a. 地面运动激振的运动方程

作为作用于阻尼单自由度系统的激振力，在因地震、汽车或者火车等交通振动所引起的地面运动作用于基础时研究建筑物的振动状态（图 2.37）。

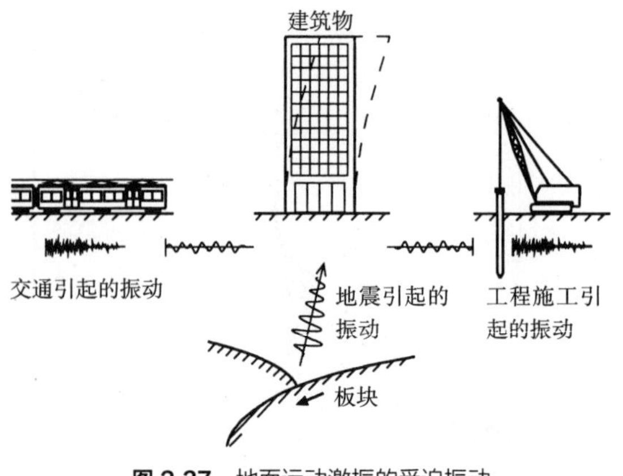

图 2.37 地面运动激振的受迫振动

因这些激振力引起**地面运动**（ground motion）在一般情况下为频率并不恒定的简谐振动，特别是地震运动包括了许多不同频率成分的简谐振动的叠加。地震运动作用的情况详见本书第 4 章。本节主要介绍当单自由度系统建筑物底部施加简单振动的地面运动 x_0 时受迫振动相关运动方程的推导和方程的解，可以设想建筑物的附近间隔相同时间进行打桩的状态。

令 $x_0(t)=a_0\sin\bar{\omega}t$ 为以圆频率 $\bar{\omega}$ 振动的简谐地面运动，其中 a_0 表示地面运动位移的大小。在简谐地面运动的振动状态中，质点 m 在建筑物位移为 x 所产生的**相对加速度**（relative acceleration）$\ddot{x}$ 和地面运动加速度 $\ddot{x}_0$ 的和构成的**绝对加速度**（absolute acceleration）（$\ddot{x}+\ddot{x}_0$）所引起的惯性力 m（$\ddot{x}+\ddot{x}_0$）与作用在阻碍运动的位移负方向的弹性恢复力 kx 和阻尼力 $c\dot{x}$ 的和是相等的，即：

$$m(\ddot{x}+\ddot{x}_0)=-kx-c\dot{x} \tag{2.117}$$

把 x 相关的项移到左边，激振力移到右边，可得：

$$m\ddot{x}+c\dot{x}+kx=-m\ddot{x}_0 \tag{2.118}$$

因 $x_0(t)=a_0\sin\bar{\omega}t$，所以 $\ddot{x}_0(t)=-\bar{\omega}^2a_0\sin\bar{\omega}t$，由此可得：

$$m\ddot{x}+c\dot{x}+kx=m\bar{\omega}^2a_0\sin\bar{\omega}t \tag{2.119}$$

上式表示为非齐次的线性微分方程。两边同除以 m 可得：

$$\ddot{x}+\frac{c}{m}\dot{x}+\frac{k}{mx}=\bar{\omega}^2a_0\sin\bar{\omega}t \tag{2.120}$$

式中，$\omega^2=k/m$，$2h\omega=c/m$。

$$\ddot{x}+2h\omega\dot{x}+\omega^2x=\bar{\omega}^2a_0\sin\bar{\omega}t \tag{2.121}$$

此微分方程（2.121）的解 x 为：

$$x(t)=X_1\cos\bar{\omega}t+X_2\sin\bar{\omega}t \tag{2.122}$$

代入公式（2.121）可得：

$$(-\bar{\omega}^2X_2-2h\omega\bar{\omega}X_1+\omega^2X_2-\bar{\omega}^2a_0)\sin\bar{\omega}t+(-\bar{\omega}^2X_1+2h\omega\bar{\omega}X_2+\omega^2X_1)\cos\bar{\omega}t=0 \tag{2.123}$$

从下面恒等式中，

$$-2h\omega\bar{\omega}X_1+(\omega^2-\bar{\omega}^2)X_2=\bar{\omega}^2a_0 \tag{2.124}$$

$$(\omega^2-\bar{\omega}^2)X_1+2h\omega\bar{\omega}X_2=0 \tag{2.125}$$

得出联立方程的未知变量 X_1，X_2 的解为：

$$X_1=\frac{-2h\omega\bar{\omega}}{(\omega^2-\bar{\omega}^2)^2+(2h\omega\bar{\omega})^2}\cdot\bar{\omega}^2a_0 \tag{2.126}$$

$$X_2=\frac{\omega^2-\bar{\omega}^2}{(\omega^2-\bar{\omega}^2)^2+(2h\omega\bar{\omega})^2}\cdot\bar{\omega}^2a_0 \tag{2.127}$$

X_1，X_2 得出后，代入公式（2.122）求出 $x(t)$ 的解为：

$$x(t)=\frac{\bar{\omega}^2a_0[(-2h\omega\bar{\omega})\cos\bar{\omega}t+(\omega^2-\bar{\omega}^2)\sin\bar{\omega}t]}{(\omega^2-\bar{\omega}^2)^2+(2h\omega\bar{\omega})^2} \tag{2.128}$$

或者，合成简谐函数形式 $x_p(t)$ 为：

$$x_p(t)=X_p\sin(\bar{\omega}t+\phi_p) \tag{2.129}$$

式中，$X_p=\sqrt{X_1^2+X_2^2}$

$$=\frac{\bar{\omega}^2a_0}{\sqrt{(2h\omega\bar{\omega})^2+(\omega^2-\bar{\omega}^2)^2}}$$

$$\tan\phi_p=\frac{X_1}{X_2}=\frac{-2h\omega\bar{\omega}}{\omega^2-\bar{\omega}^2}$$

公式（2.129）是微分方程（2.121）的特解，它显示了瞬态响应结束之后圆频率 $\bar{\omega}$ 的稳态响应。对圆频率 $\bar{\omega}$ 的简谐地面运动时响应的解，与激振器所引起的圆频率 $\bar{\omega}$ 的简谐荷载作用时的响应非常相似。在接受地面运动的情况下，如果把地面运动位移所引起的惯性力（$-m\ddot{x}$）作为外力（$m\bar{\omega}^2a_0\sin\bar{\omega}t$）的激振力考虑的话，可以将其与激振器的简谐荷载进行相同的处理。

b. 相对位移响应放大率

本节对简谐地面运动输入相对应的稳态响应进行研究。

阻尼单自由度系统在简谐地面运动位移 $x_0(t)=a_0\sin\bar{\omega}t$ 作用时，该运动方程（2.121）的特解公式（2.129）中其分母、分子同除以 ω^2，可得：

$$x_p(t)=\frac{(\bar{\omega}/\omega)^2 a_0}{\sqrt{[2h(\bar{\omega}/\omega)]^2+[1-(\bar{\omega}/\omega)^2]}}\times\sin(\bar{\omega}t+\phi_p) \quad (2.130)$$

式中，$\tan\phi_p=\dfrac{-2h(\bar{\omega}/\omega)}{1-(\bar{\omega}/\omega)^2}$

式中的 $\bar{\omega}/\omega$ 是简谐地面运动的圆频率 $\bar{\omega}$ 和建筑物固有圆频率 ω 的比。频率比 $\bar{\omega}/\omega$ 用 β 来表示上式可改写为公式（2.131）。

$$x_p(t)=\frac{\beta^2 a_0}{\sqrt{(2h\beta)^2+(1-\beta^2)^2}}\sin(\bar{\omega}t+\phi_p) \quad (2.131)$$

式中，$\tan\phi_p=\dfrac{-2h\beta}{1-\beta^2}$

在此，a_0 是简谐地面运动 $a_0\sin\bar{\omega}t$ 的大小，即输入激振力的振幅。因此，对于输入地面运动的位移振幅所对应的建筑物响应相对位移振幅的放大率 $\left|\dfrac{x_p}{x_0}\right|$ 为：

$$\left|\frac{x_p}{x_0}\right|=\frac{\beta^2 a_0}{\sqrt{(2h\beta)^2+(1-\beta^2)^2}}\Big/a_0=\frac{\beta^2}{\sqrt{(2h\beta)^2+(1-\beta^2)^2}} \quad (2.132)$$

简谐地面运动所对应稳态响应相对位移的响应放大率 $\left|\dfrac{x_p}{x_0}\right|$ 用 α_d 表示，称为**相对位移响应放大率**（response factor of relative displacement）。α_d 与激振器输入情况下的动态放大率 α 类似，根据频率比 β 以及系统阻尼常数 h 而不同。

$$\alpha_d=\frac{\beta^2}{\sqrt{(2h\beta)^2+(1-\beta^2)^2}} \quad (2.133)$$

横坐标为频率比 β 时的相对位移响应放大率 α_d 如图 2.38 所示，图中的变量 h 为阻尼常数。

$\beta\approx0$ 时相对位移响应率 $\alpha_d\approx0$，即简谐地面运动的频率远小于系统固有频率时（$\bar{\omega}\ll\omega$）建筑物基本上不发生变形且没有位移响应。$\bar{\omega}$ 越靠近 ω，α_d 就越大。阻尼常数 h 越小 α_d 增大就越明显。尤其是，共振点 $\alpha_d=1/2h$，当 $h=0$，$\beta=1$ 时 α_d 变得无穷大，输入频率大于系统固有频率时，$\alpha_d\approx1$。

c. 绝对加速度响应放大率

由简谐地面运动位移 $x_0(t)=a_0\sin\bar{\omega}t$，可得其加速度为 $\ddot{x}_0(t)=-\bar{\omega}^2a_0\sin\bar{\omega}t$。同时，简谐地面运动振动状态下质点 m 所受到的力，是质点 m 在建

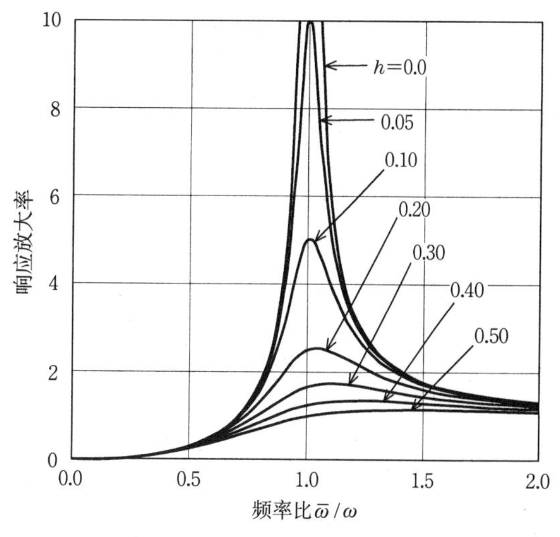

图 2.38 相对位移响应放大率

筑物位移 x_p 时所产生的相对加速度 $\ddot{x}_p$ 和地面运动加速度 $\ddot{x}_0$ 的和作为绝对加速度（$\ddot{x}_p+\ddot{x}_0$）所产生的惯性力 $m(\ddot{x}_p+\ddot{x}_0)$。

一般来讲，采用绝对加速度来评价建筑物响应的加速度，由绝对加速度（$\ddot{x}_p+\ddot{x}_0$）公式（2.21）可得：

$$\ddot{x}_p+\ddot{x}_0=-2h\omega\dot{x}_p-\omega^2x_p \quad (2.134)$$

将公式（2.129）代入上式可得：

$$-2h\omega\dot{x}_p(t)-\omega^2x_p(t)=\frac{-[2h\omega\bar{\omega}\cos(\bar{\omega}t+\phi_p)+\omega^2\sin(\bar{\omega}t+\phi_p)](\bar{\omega}^2a_0)}{\sqrt{(2h\omega\bar{\omega})^2+(\omega^2-\bar{\omega}^2)^2}} \quad (2.135)$$

因此，

$$\ddot{x}_p+\ddot{x}_0=\frac{-[\sqrt{(2h\omega\bar{\omega})^2+\omega^4}\sin(\bar{\omega}t+\phi_p+\phi_a)](\bar{\omega}^2a_0)}{\sqrt{(2h\omega\bar{\omega})^2+(\omega^2-\bar{\omega}^2)^2}} \quad (2.136)$$

式中，$\tan\phi_a=\dfrac{-2h\omega\bar{\omega}}{\omega^2}$。

输入地面运动的加速度所对应的建筑物响应的绝对加速度的放大率 $\left|\dfrac{\ddot{x}_0+\ddot{x}_p}{\ddot{x}_0}\right|$ 为：

$$\left|\frac{\ddot{x}_0+\ddot{x}_p}{\ddot{x}_0}\right|=\sqrt{\frac{(2h\omega\bar{\omega})^2+\omega^4}{(2h\omega\bar{\omega})^2+(\omega^2-\bar{\omega}^2)^2}} \quad (2.137)$$

分子分母同除以 ω^4 得：

$$\left|\frac{\ddot{x}_0+\ddot{x}_p}{\ddot{x}_0}\right|=\sqrt{\frac{[2h(\bar{\omega}/\omega)]^2+1}{[2h(\bar{\omega}/\omega)]^2+[1-(\bar{\omega}-\omega)^2]^2}} \quad (2.138)$$

频率比$\bar{\omega}/\omega$为β，简谐地面运动所对应的稳态响应绝对加速度的响应放大率用α_a表示，与相对位移响应放大率α_d类似，绝对加速度响应放大率α_a也根据频率比β以及系统阻尼常数h而不同。

$$\alpha_a=\sqrt{\frac{(2h\beta)^2+1}{(2h\beta)^2+(1-\beta^2)^2}} \quad (2.139)$$

横坐标为频率比β时的**绝对加速度响应放大率**（response factor of absolute acceleration）如图 2.39 所示。

绝对加速度响应放大率的大概形状和“2.3.2 简谐振动的特性”中“a. 动态放大率”的图像近似。$\beta\approx 0$时绝对加速度响应放大率$\alpha_a\approx 1$，也就是说，当简谐地面运动的频率远小于系统固有频率时（$\bar{\omega}\ll\omega$），建筑物基本上不会产生相对加速度。$\bar{\omega}$越靠近ω，α_a越大，阻尼常数h越小α_a变大就越明显。尤其是共振点，h较小时$\alpha_a=1/2h$，当$h=0$，$\beta=1$时α_a无穷大，输入频率比系统固有频率大很多时$\alpha_a\approx 0$。

【例题 2.10】固有周期T=0.2s，阻尼常数h=3%的单自由度系统建筑物，受到频率f=10.0Hz 的简谐地面运动激振。

（1）求相对位移响应放大率；

（2）求绝对加速度响应放大率。

［解］（1）建筑物的固有频率为 1/T=1/0.2=5.0Hz，频率比$\beta=\bar{\omega}/\omega$=10.0/5.0=2.0。将阻尼常数$h$=0.03 代入相对位移响应放大率$\alpha_d=\left|\frac{x_p}{x_0}\right|=\frac{\beta^2}{\sqrt{(2h\beta)^2+(1-\beta^2)^2}}$，可得$\frac{2.0^2}{\sqrt{(2\times0.03\times2.0)^2+(1-2.0^2)^2}}$=1.33。

（2）频率比β=2.0，阻尼常数h=0.03，绝对加速度响应放大率α_a为：

$$\alpha_a=\left|\frac{\ddot{x}_0+\ddot{x}_p}{\ddot{x}_0}\right|=\sqrt{\frac{(2h\beta)^2+1}{(2h\beta)^2+(1-\beta^2)^2}}$$

$$=\sqrt{\frac{(2\times0.03\times2.0)^2+1}{(2\times0.03\times2.0)^2+(1-2.0^2)^2}}=0.335$$

d. 隔震支撑建筑物

与钢结构或者钢筋混凝土结构相比，通过相对刚度较小的叠层橡胶（rubber bearing）等（图 2.40）支撑建筑物降低因地震或者风荷载等对建筑物的激振，称为**隔震**（isolation）。

例如，固有周期约 0.3s 的建筑物，使用叠层橡胶隔震后固有周期变为 3.0s。如果输入建筑物的简谐地面运动外力的圆频率$\bar{\omega}$相同，则采用隔震结构（isolated structure）的建筑物固有圆频率会ω变为原来的 1/10 左右大小，频率比$\beta=\bar{\omega}/\omega$变为原来的 10 倍，绝对加速度响应放大率从共振点β=1 开始往右边移动到 1.0 以下的区间内，建筑物的输入力与响应加速度的降低成比例的减小。

隔震结构是把振动系统的固有圆频率变小，以便在假定地震发生时不与输入频率产生共振。另外，在隔震结构中，除了通过叠层橡胶等让建筑物的固有频率变小以外，一般还要加上减震装

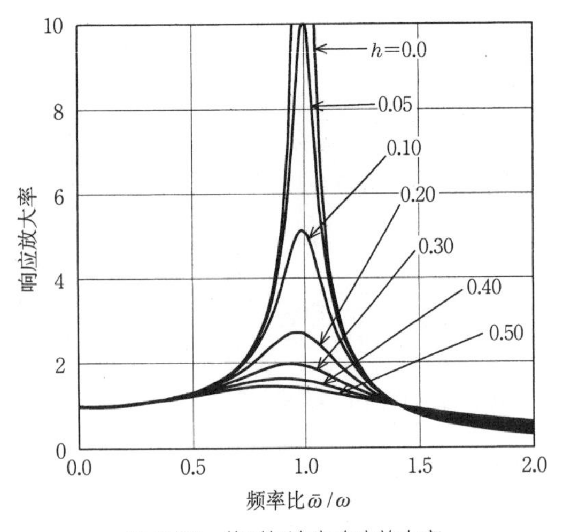

图 2.39 绝对加速度响应放大率

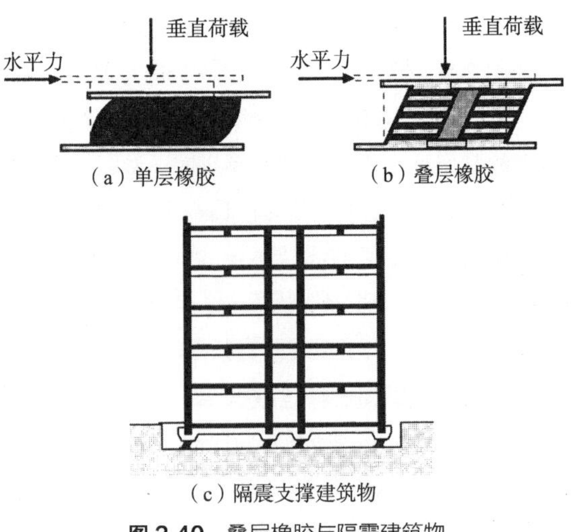

图 2.40 叠层橡胶与隔震建筑物

置。阻尼常数变大，绝对加速度响应放大率 α_a 和相对位移响应放大率 α_d 相应地降低。减震器是为了增大建筑物阻尼常数而设置的，因此建筑物可以得到比原本阻尼常数更大的阻尼效果。油压减震器、钢弹塑性减震器、黏弹性减震器等各种减震器被开发并应用于实际。

2.3.4 通过受迫振动试验求解阻尼常数的方法

“2.2.4 通过自由振动试验求解阻尼常数的方法”一节中解释了通过自由振动，根据对数衰减率推断阻尼常数 h 大小的方法。本节将介绍利用受迫振动来求出阻尼常数的 $1/\sqrt{2}$法。

a. 受迫振动试验

为了得到建筑物的共振曲线，就需要进行频率一定的稳定常态响应的状态试验。为了得到高精度的共振曲线，需要注意以下几点，进行受迫振动试验。

1）在建筑物的楼板位置设置激振器，圆频率为$\bar{\omega}$，测定瞬态响应结束变成稳定响应状态时的振幅 x（图 2.41）。

2）激振器的激振力 P_0 与激振圆频率$\bar{\omega}$的平方成正比。为了从试验中得到共振曲线，必须在恒定的状态下加振每个圆频率$\bar{\omega}$的激振力 P_0。

3）使之发生振动的圆频率$\bar{\omega}$，从低频率向着高频率依次发生变化。这个频率的数量越多，共振曲线的精度就越高。尤其是在建筑物的固有频率附近，最好用尽可能多的频率进行受迫振动试验。

对于每个圆频率$\bar{\omega}$都要进行实际测量响应振幅 x，在“2.3.2 简谐振动的特性”一节中，把频率比 β 作为横坐标，阻尼常数 h 作为参数，动态放大率 α 作为共振曲线进行了说明。已知阻尼常数 h 的建筑物的固有圆频率 ω 是已知量，作为激振力的激振器，其圆频率$\bar{\omega}$是共振试验的变量。

b. $1/\sqrt{2}$法

以激振器的圆频率$\bar{\omega}$为横坐标的共振曲线如图 2.42 所示。共振曲线上最大简谐激振力的圆频率$\bar{\omega}_{max}$，理论上可以用 $\frac{d\alpha}{d\bar{\omega}}=0$ 的$\bar{\omega}$推算出

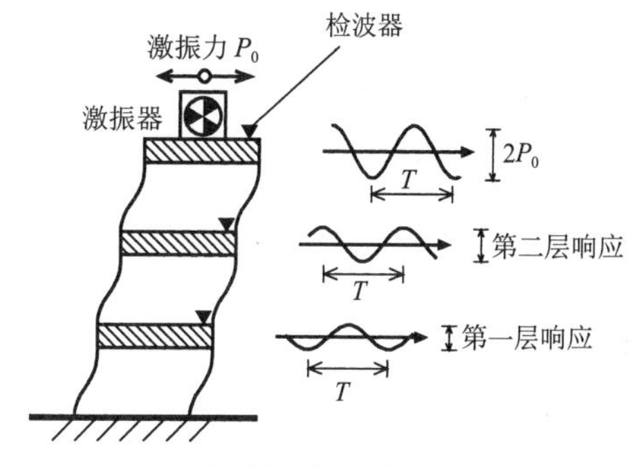

图 2.41 激振器与受迫振动试验

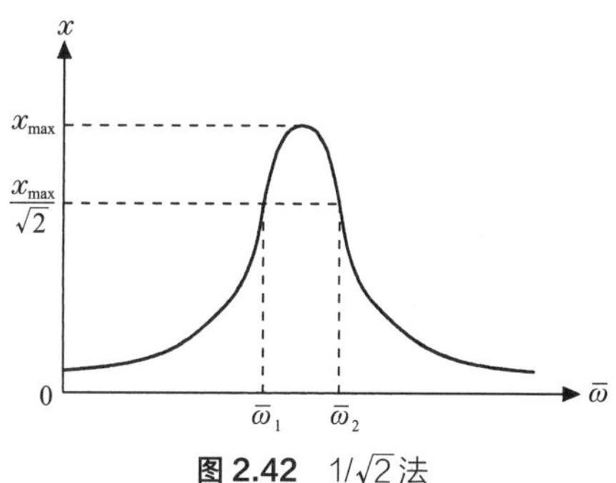

图 2.42 $1/\sqrt{2}$法

来。以线性振动为对象，阻尼常数比较小的建筑物 $\bar{\omega}_{max}=\omega$，即频率比 $\beta=1$ 时动态放大率 α 可以认为是最大 α_{max}。动态放大率 $\alpha=1/\sqrt{(2h\beta)^2+(1-\beta^2)^2}$ 中，将 $\beta=1$ 代入，可得：

$$\alpha_{max}=\frac{1}{2h} \tag{2.140}$$

$x_{max}=\alpha_{max}x_s$ 中，静态位移变化 x_s 不能通过试验测出，因此，从试验产生的共振曲线中读出最大振幅 x_{max} 的 $1/\sqrt{2}$对应的两个$\bar{\omega}$，并设定为$\bar{\omega}_1$，$\bar{\omega}_2$（$\bar{\omega}_1<\bar{\omega}_2$），理论上，

$$\frac{x_{max}}{\sqrt{2}}=\frac{x_s}{\sqrt{(2h\beta)^2+(1-\beta^2)^2}} \tag{2.141}$$

$$\frac{\alpha_{max}}{\sqrt{2}}=\frac{1}{\sqrt{(2h\beta)^2+(1-\beta^2)^2}} \tag{2.142}$$

以上两个公式成立，由公式（2.140）可得，

$$\frac{1}{2h}=\frac{\sqrt{2}}{\sqrt{(2h\beta)^2+(1-\beta^2)^2}} \tag{2.143}$$

$$\beta^4+2(2h^2-1)\beta^2+(1-8h^2)=0 \tag{2.144}$$

作为 β^2 的 2 次方程的解，

$$\beta^2=(1-2h^2)\pm 2h\sqrt{h^2+1} \tag{2.145}$$

阻尼常数 h 较小且如果 $h^2\approx 0$ 时，则：

$$\beta^2=1\pm 2h \tag{2.146}$$

又因 $\beta_1^2=1-2h$，$\beta_2^2=1+2h$，则：

$$4h=\beta_2^2-\beta_1^2=(\beta_2+\beta_1)(\beta_2-\beta_1)$$
$$=\frac{(\bar{\omega}_2+\bar{\omega}_1)(\bar{\omega}_2-\bar{\omega}_1)}{\omega^2}$$

当 h 很小时，$\beta=1$ 的共振曲线可以认为是对称的，因此利用 $\bar{\omega}_{\max}=(\bar{\omega}_1+\bar{\omega}_2)/2=\omega$，$\Delta\bar{\omega}=\bar{\omega}_2-\bar{\omega}_1$ 即可得：

$$4h=\frac{2\omega\times\Delta\bar{\omega}}{\omega^2} \tag{2.147}$$

$$h=\frac{\Delta\bar{\omega}}{2\omega}=\frac{\Delta\bar{\omega}}{2\bar{\omega}_{\max}} \tag{2.148}$$

或者

$$h=\frac{\bar{\omega}_2-\bar{\omega}_1}{\bar{\omega}_2+\bar{\omega}_1} \tag{2.149}$$

由此可以推断出阻尼常数 h。对于 $\bar{\omega}_1$ 和 $\bar{\omega}_2$，振幅的平方是共振时（$\bar{\omega}_{\max}=\omega$）振幅 $x_{\max}$ 的一半。每次循环中耗散的能量与振幅 x 的平方成正比，因此振幅的平方就是功率，获得该阻尼常数的方法称为 $1/\sqrt{2}$ 法。振幅为 $1/\sqrt{2}$ 倍时，耗散了一半的能量，由此命名。

【例题 2.11】 在建筑物安装激振器获得共振曲线（图 2.43）。发生共振时（$\beta=1$）的峰值 $X_{\max}$ 为 3.58，通过 $X_{\max}/\sqrt{2}$ 的水平轴与共振曲线的交点为 $\beta_1=0.948$，$\beta_2=1.053$，求该建筑物的阻尼常数 h。

［解］ $h=(\bar{\omega}_2-\bar{\omega}_1)/(\bar{\omega}_2+\bar{\omega}_1)$ 的分子与分母同除以 $\bar{\omega}_2$，得到 $h=(1-\bar{\omega}_1/\bar{\omega}_2)/(1+\bar{\omega}_1/\bar{\omega}_2)$。

$$\frac{\beta_1}{\beta_2}=\frac{\bar{\omega}_1/\omega}{\bar{\omega}_2/\omega}=\frac{\bar{\omega}_1}{\bar{\omega}_2}=\frac{0.948}{1.053}=0.9003$$

$$h=\frac{1-\bar{\omega}_1/\bar{\omega}_2}{1+\bar{\omega}_1/\bar{\omega}_2}=\frac{1-0.9003}{1+0.9003}=0.0525$$
$$=5.25\ (\%)$$

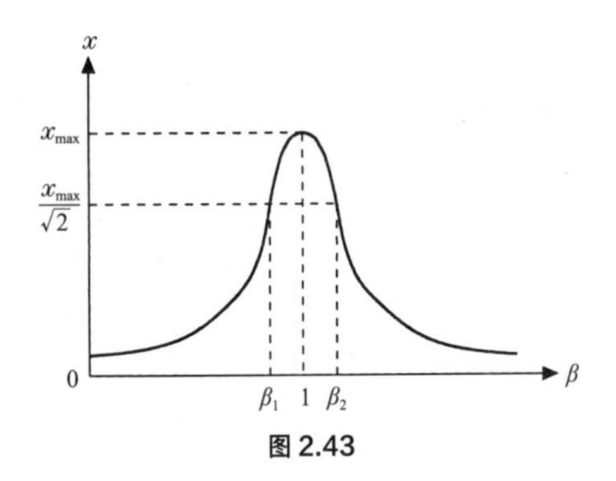

图 2.43

2.3.5 测振仪

测量建筑物等振动系统的位移、速度、加速度等值的仪器称为**测振仪**（vibration measurement instrument）。本节通过采用已经介绍的受迫振动的解来描述测振仪的原理。测振仪通过记录的数据输出并解答振动系统的位移、速度及加速度等，并将其记录下来，地震仪就是典型的测振仪。

a. 位移计

在测振仪内部有与刚度为 k_m 的弹簧并列的阻尼系数为 c_m 的缓冲器被设置在质量 m_m 上。图 2.44 中所示的测振仪的外箱被固定在测量振动的建筑物上，建筑物一旦发生振动，保持很大刚度的外箱也会同样发生振动。

放置测振仪的建筑物的位移设为 x_0，外箱发生振动后，质量 m_m 的位移为 x，振动时质量 m_m 其力的平衡为：

$$m_m\ddot{x}=-c_m(\dot{x}-\dot{x}_0)-k_m(x-x_0) \tag{2.150}$$

运动方程用相对位移 $z=x-x_0$ 表示为：

$$m_m\ddot{z}+c_m\dot{z}+k_m z=-m_m\ddot{x}_0 \tag{2.151}$$

考虑到建筑物的位移，也就是外箱的输入 x_0 为简谐振动 $x_0(t)=a\sin\bar{\omega}t$，得：

$$m_m\ddot{z}+c_m\dot{z}+k_m z=m_m\bar{\omega}^2 a\sin\bar{\omega}t \tag{2.152}$$

这个稳态响应的解为：

$$z(t)=\frac{m_m\bar{\omega}^2 a}{\sqrt{(k_m-m_m\bar{\omega}^2)^2+(c_m\bar{\omega})^2}}\sin(\bar{\omega}t+\phi) \tag{2.153}$$

式中，$\tan\phi=-c_m\bar{\omega}/(k_m-m_m\bar{\omega}^2)$。

测振仪的固有圆频率 $\omega_m=\sqrt{k_m/m_m}$，阻尼常数为 $h_m=c_m/(2m_m\omega_m)$，$\beta_m=\bar{\omega}/\omega_m$，可得：

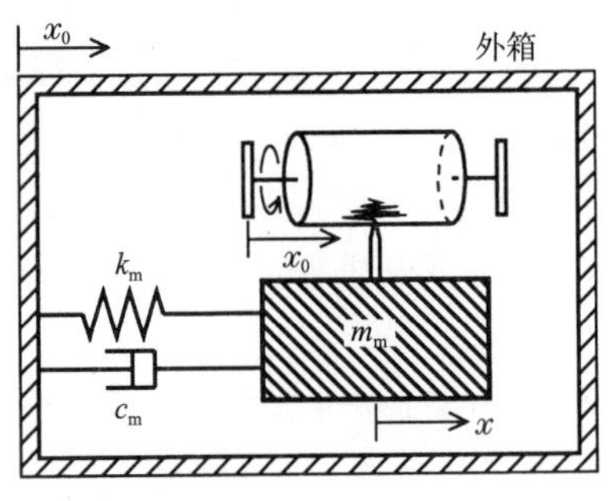

图 2.44 测振仪

$$z(t)=\frac{\beta_m{}^2 a}{\sqrt{(1-\beta_m{}^2)^2+(2h_m\beta_m)^2}}\sin(\bar{\omega}t+\phi)$$

（2.154）

式中，$\tan\phi=\frac{-2h_m\beta_m}{1-\beta_m{}^2}$

$z/\alpha=\beta_m{}^2/\sqrt{(1-\beta_m{}^2)^2+(2h_m\beta_m)^2}=1$ 时，测振仪的位移为 $z(t)=a\sin(\bar{\omega}t+\phi)$，建筑物的位移为 $x_0(t)=\alpha\sin\bar{\omega}t$，频率以及振幅都与振动同步，只有相位延迟时间 $\phi/\bar{\omega}$ 被记录下来。

假设 $z/a=1$ 时，为了将 $\beta_m=\bar{\omega}/\omega_m$ 变得很大，可以把测振仪的 ω_m 值设定的很小，因为 $\omega_m=\sqrt{k_m/m_m}$，因此可以将 k_m 设定的很小，而把 m_m 设定的很大。一般来说，可以假定 $\beta_m>3$，$h_m=0.7$。以这种方式，通过测量测振仪中的质量 m_m 与外箱的相对位移 $z(t)$ 来测量外箱的位移，也就等于测定了振动建筑物的位移。质量 m_m 的位置上放置一支钢笔，在边缘处放置一张记录用的纸，并以一定的速度使之移动，便可以知道建筑物的位移变化，这便是**位移计**（displacement meter）。

b. 加速度计

加速度计是记录建筑物振动或者仪器类加速度的测振仪，应用广泛。将公式（2.154）的两边都乘以 $-\omega_m{}^2$，可得：

$$-\omega_m{}^2 z(t)=\frac{1}{\sqrt{(1-\beta_m{}^2)^2+(2h_m\beta_m)^2}}\times[\bar{\omega}^2 a\sin(\bar{\omega}t+\phi)]$$

（2.155）

$1/\sqrt{(1-\beta_m{}^2)^2+(2h_m\beta_m)^2}=1$ 时，$\omega_m{}^2 z(t)=-\bar{\omega}^2 a\sin(\bar{\omega}t+\phi)$。$1/\sqrt{(1-\beta_m{}^2)^2+(2h_m\beta_m)^2}=1$ 时，为了将 $\beta_m=\bar{\omega}/\omega_m$ 变得很小，可以将测振仪的 ω_m 的值设定的很大，将 k_m 设定的很大，把质量 m_m 设定的很小。一般来说，可以设定 $\beta_m<0.6$，$h_m=0.7$。因为 $\ddot{x}_0(t)=-\bar{\omega}^2 a\sin\bar{\omega}t$，所以可知质量 m_m 的加速度 $-\omega_m{}^2 z(t)$ 是与建筑物的加速度 $\ddot{x}_0(t)=-\bar{\omega}^2 a\sin\bar{\omega}t$ 相呼应的。这个质量为 m_m 的测振仪的相对位移 $z(t)$ 是外箱加速度 $\ddot{x}_0(t)$ 的 $-1/\omega_m{}^2$ 倍，这便是**加速度计**（accelerometer），重要的是正负号替换和 $1/\omega_m{}^2$ 倍，与位移计一样，位相延迟就不那么重要了。

【例题 2.12】固有频率 $f_m=50\text{Hz}$，阻尼常数 $h_m=70\%$ 的加速度计，当频率分别为 $f=5.0$、10.0、20.0Hz 时，给出与输入加速度 $\ddot{x}_0(t)=0.2\sin 2\pi ft$（m/s²）相关的输出时间函数。

［解］加速度计的位移输出记录的是输入加速度 $\ddot{x}_0(t)$ 的 $-1/\omega_m{}^2$ 倍。质量为 m_m 的测振仪其相对位移为：

$z(t)=-\ddot{x}_0(t)/\omega_m{}^2=-0.2/\omega_m{}^2\sin 2\pi ft$（m），$\omega_m=2\pi f_m=2\pi\times 50=100\pi$（rad/s）。

这里，将 $f=5.0\text{Hz}$ 代入，$z(t)=(-0.2/(100\pi)^2)(\sin 2\pi\times 5t)=-2.03\times 10^{-6}\sin(10\pi t)$（m）$=-2.03\times 10^{-3}\sin(10\pi t)$（mm）。同理，$f=10.0\text{Hz}$ 时，$z(t)=-2.03\times 10^{-6}\sin(20\pi t)$（m）。$f=20.0\text{Hz}$ 时，$z(t)=-2.03\times 10^{-6}\sin(40\pi t)$（m）。

2.4 习题

（2.1 节的相关练习）

【练习 2.1】证明简谐函数 $x_1(t)=A_1\sin(\omega t+\phi_1)$ 和 $x_2(t)=A_2\sin(\omega t+\phi_2)$，都是微分方程 $\ddot{x}+\omega^2 x=0$ 的解。

【练习 2.2】如图 2.45 所示，质量 $m=50\text{t}$，刚度 $k=1000\text{kN/cm}$ 的单质点振动系统。

（1）求出这个单质点振动系统的固有圆频率、固有周期、固有频率。

（2）质点的初始位移 $d_0=0.5\text{cm}$，初始速度 $v_0=20\text{cm/s}$ 时，求自由振动的解。

（3）给这个建筑物加上 25t 的重量，固有周期会有怎样的变化。

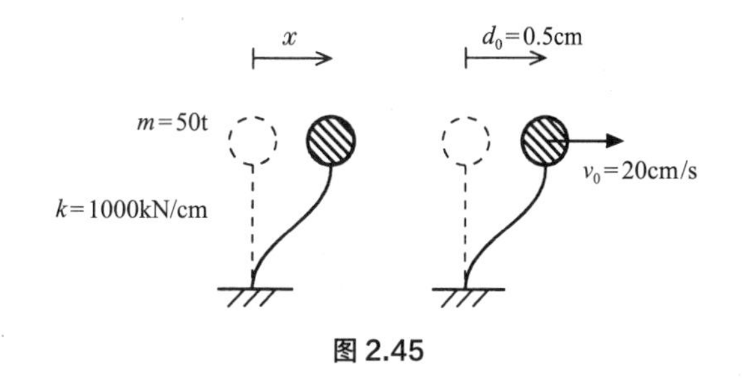

图 2.45

【练习 2.3】利用附录 2 中的“2.1 单层建筑物的振动解析程序”，将阻尼常数作为 0.0% 输入，求【练习 2.2】中质量 $m=50\text{t}$，刚度 $k=1000\text{kN/cm}$ 的单质点振动系统在以下两种情况中的自由振动时程波形。

（1）初始位移 d_0=0.5cm，初始速度 v_0=0.0cm/s。

（2）初始位移 d_0=0.0cm，初始速度 v_0=20cm/s。

【练习 2.4】单质点振动系统的固有周期为 0.20s，当系统质量减少 20%，刚度增大 50% 时固有周期将变为多少？

【练习 2.5】重量 W=600kN，水平方向刚度 k=1000kN/cm 的单层建筑物（图 2.46）。此建筑物假定总质量的 2/3 为振动时的有效质量，

（1）求固有圆频率、固有周期、固有频率。

（2）静止状态施加 v_0=20cm/s 的初始速度时，求其自由振动的解。

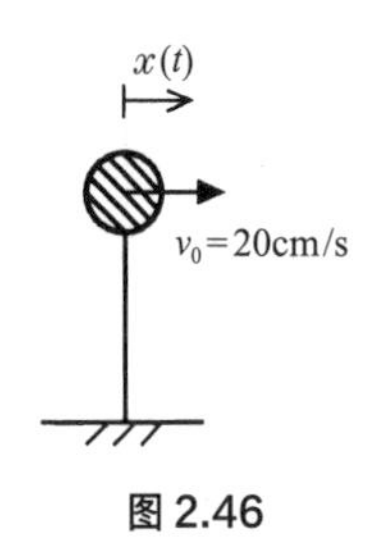

图 2.46

【练习 2.6】重量 W=500kN，水平方向刚度 k=1000kN/cm 的单层建筑物。假设阻尼常数为 0.0%，使用附录的“单层建筑物的振动解析程序”，求静止状态时施加初始速度 v_0=20 cm/s 时自由振动的时程波形。

【练习 2.7】单自由度无阻尼振动系统的建筑物，

（1）当建筑物的重量增加为原重量的 2 倍时，固有周期会怎样变化？当建筑物的重量增加为 4 倍时，固有周期会怎样变化？

（2）当刚度为现有的一半时，固有频率会怎样变化？当刚度为现有的 1/4 时，固有频率会怎样变化？

【练习 2.8】包含自重与额定载重在内的总重量 W 为 490kN 的钢板以及 6 根支撑铁柱构成一建筑物（图 2.47）。不考虑柱子的重量，假设有效层高 h 为 5.0m，断面为角型钢管，杨氏模量 E 为 2.1×10^4kN/cm^2。请算出以下情况中该建筑物的固有周期和固有频率。

（1）柱子的顶部、底部均固定。

（2）柱子的顶部固定，底部铰接。

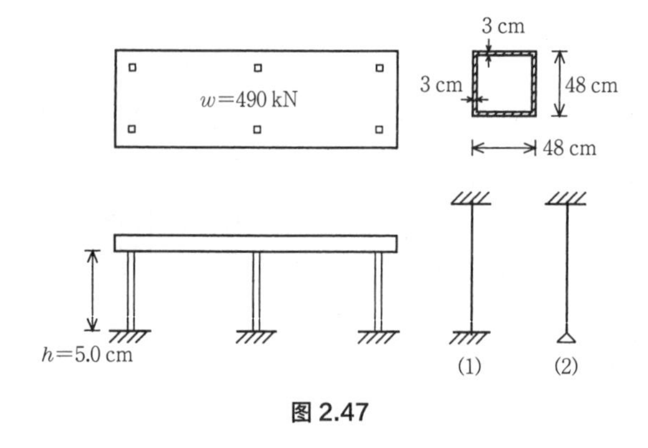

图 2.47

［提示］

・柱子断面的惯性矩 I=（48^4-42^4）/12（cm^4）

・一根柱子的刚度，（1）$k_0=12EI/h^3$，（2）$k_0=3EI/h^3$

【练习 2.9】使用欧拉公式求解：

（1）复数 3+4i 用指数函数 Ae^{ix} 的形式表示。

（2）指数函数 $8e^{\pi/4i}$ 用复数 $x+yi$ 的形式表示。

（3）当 $A_1+A_2i=Ae^{i\phi}$ 时，表达出 $A=\sqrt{A_1^{\ 2}+A_2^{\ 2}}$，$\phi=\tan^{-1}(-A_2/A_1)$。

（2.2 节的相关练习）

【练习 2.10】求出质量 m=40t，刚度 k=450 kN/cm 的单质点振动系的临界阻尼系数 c_{cr}，阻尼常数 h=5% 的阻尼系数 c。另外，求该建筑物的无阻尼固有频率和阻尼固有频率，并加以比较。

【练习 2.11】重量 W=1000kN，阻尼系数 c=5.0kN・s/cm，刚度 k=1500kN/cm 的单质点阻尼系统，

（1）求该单质点振动系统的阻尼常数 h。

（2）求该振动系统的阻尼固有周期、阻尼固有频率。

（3）对质点施加初始位移 d_0=0.5cm，初始速度 v_0=25.0cm/s 时求其自由振动的解。

【练习 2.12】利用附录的“单层建筑物的振动解析程序”，求【练习 2.11】中的重量 W=1000kN，阻尼系数 c=5.0kN・s/cm，刚度 k=1500kN/cm 的单质点阻尼系统在下列情况中自由振动的时程波形，

（1）初始位移 d_0=1.0cm，初始速度 v_0=0.0cm/s。

（2）初始位移 d_0=0.0cm，初始速度 v_0=25cm/s。

【练习 2.13】固定住无质量的弹簧上部，吊起一质量 m=5.0kg 的铅锤。下方拉伸 20mm，以周期 T_d=0.50s 进行阻尼振动，10 周期以后振幅为 2.5mm。

（1）求该振动系统的阻尼常数 h。

（2）求该质量弹簧系统的弹簧刚度。

（3）以公式表示出该自由振动状态。

【练习 2.14】单层建筑物向水平方向发生自由振动时，得出以下测定记录。

（1）求该振动系统的阻尼常数 h。

（2）求阻尼固有周期，固有周期，并加以比较。

周期（第 i 号）	时间 t_i（s）	振动位移 x_i（cm）
1	0.504	1.84
11	2.934	0.39

【练习 2.15】用千斤顶和线缆将单自由度系统的建筑物以 200kN 的水平力拉伸，发生 0.50cm 位移的瞬间，线缆突然断裂。测得此时的自由振动记录，5 次循环后振幅刚好减少为 1/3，经历的时间为 5.28s。

（1）求该建筑物的刚度、重量、阻尼常数和固有周期。

（2）计算振幅为 0.1cm 以下所需循环数。

【练习 2.16】有一阻尼常数 h 的单自由度阻尼振动系统，使之以初始速度为 0 发生自由振动。

（1）求初始位移振幅减少为 1/10 的循环数与阻尼常数 h 的关系。

（2)如果每个周期振幅都以 5.0% 的比例减少，该振动系的阻尼常数 h 为多少？

（3）如果阻尼常数 h=1.0%，那么自由振动时发生的振幅比为多少？

（与 2.3 节有关的练习）

【练习 2.17】质量 m=50t，水平刚度 k=1000 kN/cm 的单自由度系统建筑物，假定阻尼常数分别为 h=1、2、5、10、20% 时，

（1）求共振时的动态放大率。

（2）求频率 f=7.5Hz 的简谐激振力作用时的动态放大率。

（3）求频率 f=10.0Hz 的简谐激振力作用时的动态放大率。

【练习 2.18】将一高层大楼简化为单自由度质点系，假定固有周期 T=2.0s，阻尼常数 h=2%，当受到频率 f=0.75Hz 的简谐地面运动激振时，

（1）求相对位移响应放大率。

（2）求绝对加速度响应放大率。

【练习 2.19】质量 m=50t，水平刚度 k=1250 kN/cm，阻尼常数 h=2% 的单自由度系统建筑物，

（1）求频率 f=5.0Hz 的简谐激振力作用时的动态放大率与位相延迟。

（2）求频率 f=10.0Hz 的简谐地面运动激振作用时的相对位移响应放大率和绝对加速度响应放大率。

【练习 2.20】将简谐荷载作用于单自由度阻尼系，假设外力的频率为共振频率的 1.5 倍，振幅为共振时的 1/5，此时系统的阻尼常数 h 为多少？

【练习 2.21】当产生单自由度阻尼系的共振曲线时，半功率点（振幅为共振振幅的 $1/\sqrt{2}$）处的频率为 f_1=17.5Hz，f_2=20.3Hz，求该建筑物的阻尼常数 h。

【练习 2.22】固有频率 f_m=30Hz，阻尼常数 h_m=60% 的加速度计，用时间函数来表示输入加速度 $\ddot{x}_0(t)=a\sin(2\pi ft)$ 时加速度计的输出。

【练习 2.23】质量 m=50t，水平刚度 k=1250 kN/cm，阻尼常数 h=2% 的单自由度系统建筑物。利用附录的“单层建筑物的振动解析程序”求下列情况下受到简谐激振力时受迫振动的时程波形。

（1）当受到频率 f=1.0Hz 的简谐地面运动激振力时。

（2）当受到频率 f=2.0Hz 的简谐地面运动激振力时。

（3）当受到频率 f=5.0Hz 的简谐地面运动激振力时。

第3章　复杂结构物（多自由度系统）的振动

3.1　多层建筑物的自由振动

在第3章中，关于更加复杂的结构物的振动，我们将学习代表**超高层**（highrise building）的多层建筑物（multistory building）的振动和建筑物的**扭转振动**（torsional vibration）。作为多层建筑物振动的例子，图3.1显示了东京都新宿区的一个28层的超高层大厦（工学院大学新宿校舍）因地震所引起的晃动。地震引起的地面和建筑物的晃动通过**地震仪**（seismometer）或加速度计（accelerometer），记录了南北、东西、上下三个分量（NS，EW，UD分量）的加速度波形。波形是加速度积分后的速度波形的南北分量。地下和地表的波形振幅比较小且持续时间短，越往上层其振幅的摆动幅度越大且持续时间也明显变长。仔细观察上层的晃动，晃动开始后的短周期及微小晃动大约要50s后才消失，之后在建筑物的固有周期（natural period；此建筑物是大约3s）中慢慢晃动。特别是此例中由钢结构建造的超高层建筑通常阻尼较小，地震和台风等引起建筑物振动时会长时间持续晃动，导致类似晕船的现象，有时候会出现妨碍舒适性的情况。因此，已经开发了各种用于抑制晃动的**减震装置**（vibration control device），并被安装在近期建造的很多超高层建筑中。

3.1节将学习多层建筑物自由振动的基础理论。多层建筑物的振动模型有多种类型，但这里用剪切质点系统（multi-mass shear system）处理振动模型，如图3.2所示。一般建筑物中，当受到地震、风等水平力作用时，与竖向变形相比，建筑物各层的剪切变形起支配作用。因此在这里使用把各层作为剪

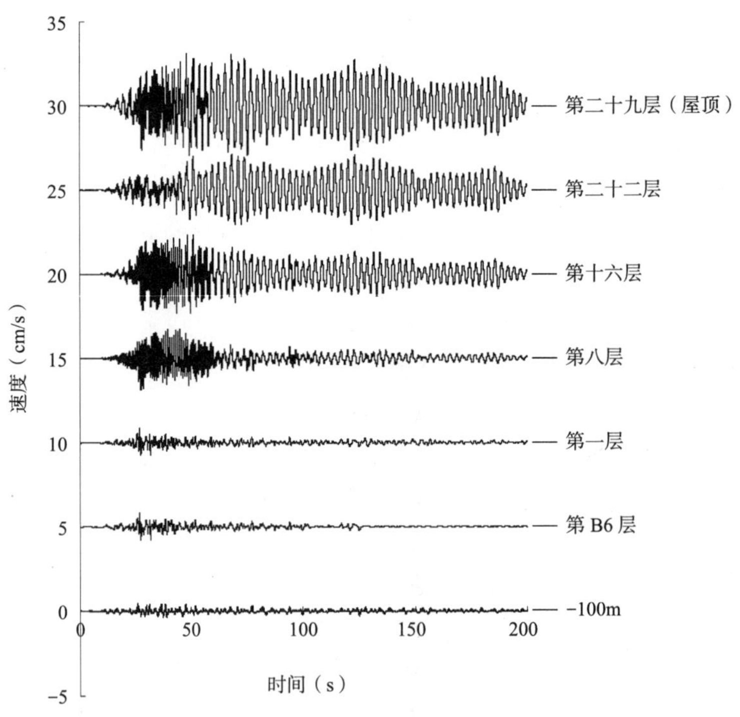

图3.1　超高层建筑（左：工学院大学新宿校舍）的地震振动观测例
（右：纵坐标振幅间隔5cm/s，-100m的观测值作为原点）

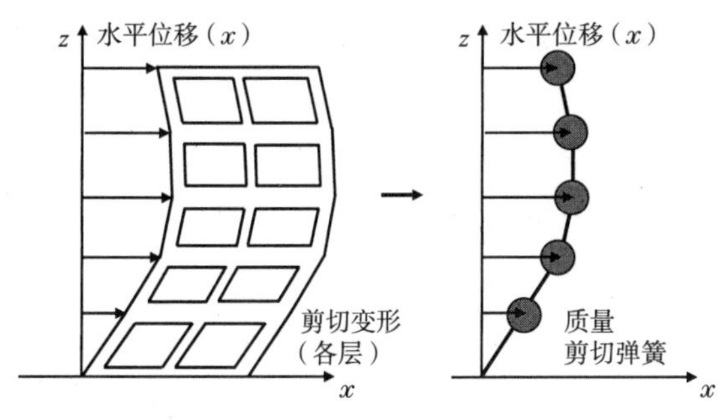

图 3.2 多层建筑物剪切质点系建模

切系统、各层的重量集中在楼板位置的振动模型（集中质点模型；Lumped mass model）。一个质点有三个平动分量（x、y、z 分量）和围绕每个轴的转动（回转）分量共计六个自由度（degree of freedom）。但是这种多层建筑物的剪切质点系统里忽略了上下组件和扭转分量，如图 3.2 所示，水平的两个分量（梁间、柱间）分别独立建模。虽然此方法简单，但是在建筑物形状比较规则时有着很好的精度，作为比较实用的方法，经常在建筑物的结构解析中广泛使用。另一方面，当建筑物形状复杂，水平分量、扭转分量耦合时，或者当要详细调查作用在柱子和梁的应力或变形等时，可通过柱和梁等结构材料如实模型化的立体框架结构（three dimensional frame structure）的振动解析进行，而且，包含墙壁和楼板等的连续体在内进行振动分析要采用**有限元法**（finite element method）。想学习与本章相关的更高级内容的读者可参见参考文献 1）、2）等。

第 3 章中采用矩阵进行振动分析。因此，希望读者学会以线性代数为基础的矩阵运算和固有值解析的基础。另外，可酌情参考"附录 2 振动解析程序"。

3.1.1 双层建筑物的无阻尼自由振动

a. 双层建筑的自由振动方程

作为多层建筑物最简单的剪切质点系模型，首先涉及的是如图 3.3 所示的双质点剪切模型（two mass shear system）的无阻尼自由振动。本章中我们将深入理解多层建筑物振动理论的基础，包括质量 / 刚度矩阵，固有周期，固有振型等的含义。

首先推导如图 3.3（a）所示的无阻尼自由振动的双层建筑模型的运动方程。双层建筑模型的运动方程由作用在两个质点上的力的平衡方程推导出来。k_i 和 m_i 分别为第 i 层的弹簧刚度（剪切刚度；shear stiffness）和质量，x_i 为第 i 层的位移（向右为正），$\ddot{x}_i$ 为其加速度。首先，如图 3.3（b）所示，假设将第一层部分切断，作用在上部结构的力为作用在第一层以及第二层的质点**惯性力**（inertial force）和第一层弹簧的**恢复力**（restoring force）。注意，惯性力和恢复力都作用在振动方向（向右）相反的方向（负值），力的平衡方程可由下式表示：

第一层：$-m_1\ddot{x}_1 - m_2\ddot{x}_2 - k_1x_1 = 0$　　（3.1a）

同理，如图 3.3（c）所示，当在第二层部分进行虚拟切割时，作用力是第二层质点的惯性力和第二层弹簧恢复力。因此，力的平衡可由下式表示：

第二层：$-m_2\ddot{x}_2 - k_2(x_2 - x_1) = 0$　　（3.1b）

注意，有助于第二层弹簧恢复力的位移是第二层和第一层之间的相对位移。

整理公式（3.1）可得出如下所示的双层建筑物的自由振动方程。

第一层：$m_1\ddot{x}_1 + (k_1 + k_2)x_1 - k_2x_2 = 0$　　（3.2a）

第二层：$m_2\ddot{x}_2 - k_2x_1 + k_2x_2 = 0$　　（3.2b）

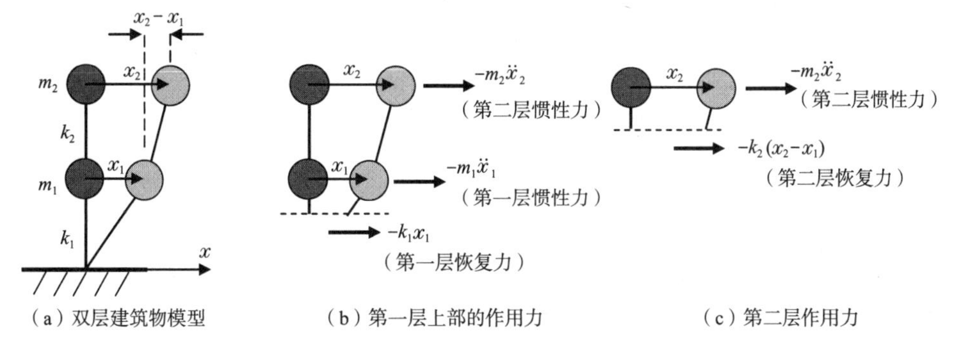

图 3.3 双层建筑物模型，第一层和第二层的作用力

在此，请注意公式（3.1a）中第二层惯性力用公式（3.1b）中的第二层弹簧恢复力代替，当公式（3.2）用矩阵表示时变为如下公式（3.3）。

$$\begin{bmatrix} m_1 & 0 \\ 0 & m_2 \end{bmatrix}\begin{Bmatrix} \ddot{x}_1 \\ \ddot{x}_2 \end{Bmatrix}+\begin{bmatrix} k_{11} & k_{12} \\ k_{21} & k_{22} \end{bmatrix}\begin{Bmatrix} x_1 \\ x_2 \end{Bmatrix}=\begin{Bmatrix} 0 \\ 0 \end{Bmatrix} \tag{3.3}$$

式中，

$$k_{11}=k_1+k_2,\ k_{12}=k_{21}=-k_2,\ k_{22}=k_2 \tag{3.4}$$

公式（3.3）中，质量相关的矩阵称为**质量矩阵**（mass matrix），刚度相关的矩阵称为**刚度矩阵**（stiffness matrix）。由公式（3.3）可显然看出，前者是对角矩阵（diagonal matrix; $j \neq k$ 时 $k_{jk}=0$），后者是对称矩阵（symmetric matrix; $k_{jk}=k_{kj}$）。

b. 刚度矩阵和柔度矩阵

首先，刚度矩阵的物理意义是什么？如前面结论中所提到的，"所谓刚度矩阵 k_{jk} 是使第 k 层引起单位位移（大小是 1）时作用在第 j 层的力"。为了证实这一点，首先是对公式（3.3）中刚度矩阵相关的项进行展开，位移作用在各层的力如下面的公式所示：

$$\begin{Bmatrix} P_1 \\ P_2 \end{Bmatrix}\equiv\begin{bmatrix} k_{11} & k_{12} \\ k_{21} & k_{22} \end{bmatrix}\begin{Bmatrix} x_1 \\ x_2 \end{Bmatrix} \rightarrow \begin{matrix} P_1=k_{11}x_1+k_{12}x_2 \\ P_2=k_{21}x_1+k_{22}x_2 \end{matrix} \tag{3.5}$$

在此，如图 3.4（a）所示，P_1、P_2 为第一层、第二层的位移为 x_1、x_2 时所必需的力。图 3.4（b）中，"仅第一层产生单位位移所需的第一层、第二层质点上作用的力为 k_{11}，k_{21}"，则仅使第一层产生位移 x_1 所需的第一层、第二层质点的力为 $k_{11}x_1$，$k_{21}x_1$。同理，如图 3.4（c）所示，"仅使第二层产生单位位移所需的第一层、第二层质点的力为 k_{12}，k_{22}"，则仅使第二层产生位移 x_2 所需的第一层、第二层质点的力为 $k_{12}x_2$，$k_{22}x_2$。根据叠加原理，图 3.4（b）和图 3.4（c）的力叠加，在各层产生 x_1 和 x_2 的位移，此时作用在各层的力 P_1 和 P_2，如公式（3.5）的右侧所示。因此，正如我们在刚度矩阵的含义开始时所得出的那样，"所谓刚度矩阵 k_{jk}，是为了仅在第 k 层产生单位位移（大小为 1）而必需作用在第 j 层上的力"。如果实际建筑物以框架结构（frame structure）等建模，但是想寻求这种模型的各层刚度矩阵分量时，如图 3.4（b）或图 3.4（c）所示，从第一层开始按照顺序对目标层以外的位移进行约束，通过仅赋予目标层单位位移所需的力和反作用力的分布依次求解即可。

另一方面，刚度矩阵的逆矩阵称为**柔度矩阵**（或挠度矩阵；flexibility matrix）。根据公式（3.5），柔度矩阵与力和位移的关系如下式所示：

$$\begin{Bmatrix} x_1 \\ x_2 \end{Bmatrix}=\begin{bmatrix} k_{11} & k_{12} \\ k_{21} & k_{22} \end{bmatrix}^{-1}\begin{Bmatrix} P_1 \\ P_2 \end{Bmatrix}=\begin{bmatrix} f_{11} & f_{12} \\ f_{21} & f_{22} \end{bmatrix}\begin{Bmatrix} P_1 \\ P_2 \end{Bmatrix} \tag{3.6}$$

这里，f_{jk} 是柔度矩阵的分量，如果想以框架结构等实际的建筑物为对象求各层的柔性矩阵分量的话，如公式（3.6）所示，从第一层开始按顺序仅给目标层赋予单位的力，其他层的力为 0，依次求出各层的位移即可。

c. 自由振动解（固有周期和固有振型）

自由振动解可通过公式（3.3）求出。与第 2 章中单层建筑物的求解方法类似，假定双层建筑物以圆频率 ω 做自由振动，此时的位移解，如公式（3.7）所示，可把频率（时间）项和振幅项进行分离［指数函数所涉及的时间项请参考第 2 章公式（2.11）~公式（2.16）］。

$$\begin{Bmatrix} x_1 \\ x_2 \end{Bmatrix}=e^{i\omega t}\begin{Bmatrix} u_1 \\ u_2 \end{Bmatrix} \rightarrow \{X\}=e^{i\omega t}\{U\} \tag{3.7}$$

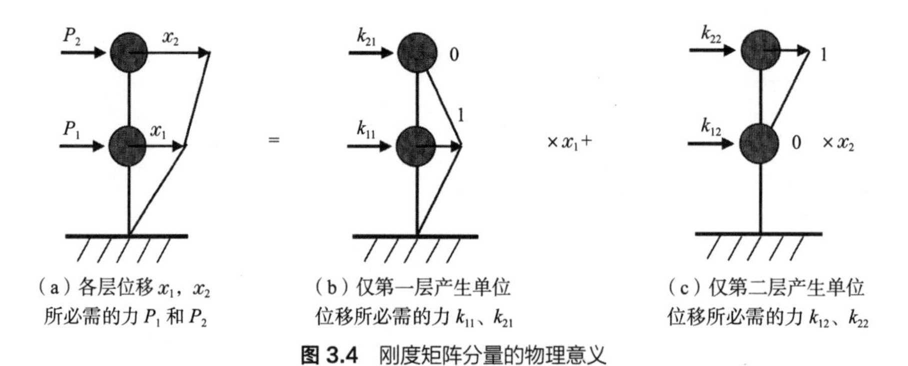

（a）各层位移 x_1，x_2 所必需的力 P_1 和 P_2

（b）仅第一层产生单位位移所必需的力 k_{11}、k_{21}

（c）仅第二层产生单位位移所必需的力 k_{12}、k_{22}

图 3.4 刚度矩阵分量的物理意义

式中，$\{U\}$ 被称为**振幅向量**（amplitude vector），是自由振动时各层的振幅。将公式（3.7）代入公式（3.3），得到如下计算式：

$$\begin{bmatrix} k_{11}-\omega^2 m_1 & k_{12} \\ k_{21} & k_{22}-\omega^2 m_2 \end{bmatrix} \begin{Bmatrix} u_1 \\ u_2 \end{Bmatrix} = \begin{Bmatrix} 0 \\ 0 \end{Bmatrix} \tag{3.8}$$

线性代数中，公式（3.8）中的 ω^2 为**特征值**（eigenvalue），振幅向量 $\{U\}$ 被称为**特征向量**（eigenvector），特征值、特征向量的求解就是在解**特征值问题**（eigenvalue problem）。振动理论中，ω 是固有圆频率，特征向量被称为**固有振型**（natural mode）。

接下来求 ω 和 $\{U\}$。由于公式（3.8）中振幅向量不可能总是为 0，因此公式（3.8）如果想成立的话，施加在振幅向量上的系数矩阵的行列式就必须为 0，即：

$$\begin{vmatrix} k_{11}-\omega^2 m_1 & k_{12} \\ k_{21} & k_{22}-\omega^2 m_2 \end{vmatrix} = 0 \tag{3.9}$$

公式（3.9）根据对角线法则可转换为公式（3.10）的频率方程。

$$m_1 m_2 \omega^4 - (m_1 k_{22} + m_2 k_{11})\,\omega^2 + k_{11}k_{22} - k_{12}k_{21} = 0 \tag{3.10}$$

此频率方程是与 ω^2 相关的 2 次方程，所以通过求根公式对 ω^2 进行求解。

$$\omega^2 = \frac{1}{2m_1 m_2}\left[(m_1 k_{22} + m_2 k_{11}) \mp \sqrt{(m_1 k_{22} + m_2 k_{11})^2 - 4 m_1 m_2 (k_{11}k_{22} - k_{12}k_{21})} \right] \tag{3.11}$$

ω^2 在 [ ] 内有两个值，分别为 - 和 + 两个值。因此，ω 由公式（3.11）的平方根所求出的 4 个值只有 2 个正值是有意义的。较小的正值 ω [公式（3.11）的 [ ] 中 $\mp$ 的 - 值] 被称为 1 阶**固有圆频率**（eigen circular frequency 或者 natural circular frequency of the first mode），较大的正值 ω（同上，+ 值）被称为 2 阶固有圆频率，在此分别用 ω_1 和 ω_2 表示（单位为 rad/s）。与单层建筑物的情况类似，ω_1 和 ω_2 所对应的周期（$T_i=2\pi/\omega_i$）分别被称为 1 阶**固有周期**（natural period）和 2 阶固有周期，单位为秒。固有周期的倒数称为**固有频率**（natural frequency），单位是 Hz（赫兹）。

1 阶、2 阶固有频率 ω_1 和 ω_2 分别代入公式（3.8），可以获得对应振幅向量的 1 阶、2 阶固有振型（特征向量）。此处应注意的是，把 ω_1 和 ω_2 代入公式（3.8）意味着第 1 个方程（第一层）与第 2 个方程（第二层）是等效公式，因此，固有振型并不是各层振幅的绝对值，而是第一层和第二层的振幅比。比如用公式（3.8）的第 1 式，相对第一层的第二层振幅比如下式所示：

$$\frac{u_{2i}}{u_{1i}} = \frac{k_{11} - \omega_i^2 m_1}{-k_{12}} \qquad (i=1,2) \tag{3.12}$$

图 3.5 为 1 阶和 2 阶固有振型的例子。如例题 3.1 所示，1 阶模型是第一层和第二层处于同相位的晃动，且第二层比第一层晃动的更大。相对应的 2 阶模型，第一层和第二层总是逆相位晃动，通常第一层的晃动更大。

【例题 3.1】 如图 3.5（a）所示，第一层、第二层的质量 $m_1=m_2=10^5$kg（=100t），剪切刚度分别为 $k_1=300\times10^5$N/m（=300kN/cm），$k_2=200\times0^5$N/m（=200kN/cm），求该建筑的固有周期和固有振型。

[解] 通过公式（3.4）求刚度矩阵的各分量，并根据公式（3.10）得到下面的频率方程。

$$\omega^4 - 700\omega^2 + 60000 = (\omega^2 - 100)(\omega^2 - 600) = 0$$

因此，$\omega_1^2=100$，$\omega_2^2=600$，即固有圆频率 $\omega_1=$

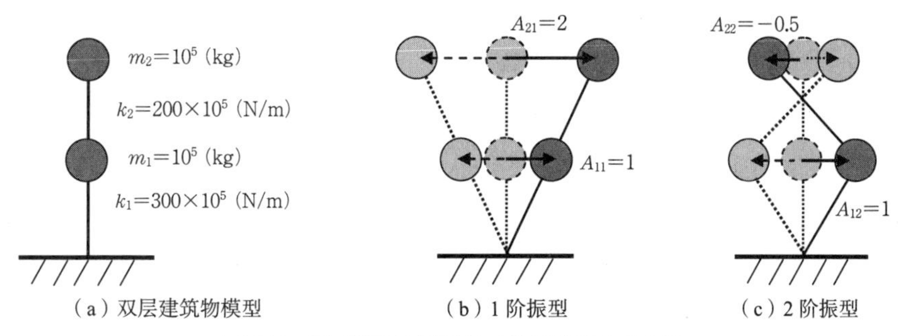

图 3.5 双层建筑物模型的 1 阶振型和 2 阶振型

10（rad/s），$\omega_2 \approx 24.50$（rad/s），对应的固有周期分别为 $T_1 \approx 0.63$（s），$T_2 \approx 0.26$（s）。采用公式（3.12）可求 1 阶和 2 阶振型的振幅比：

1 阶振型：$\frac{u_{21}}{u_{11}}=2$，2 阶振型：$\frac{u_{22}}{u_{12}}=-0.5$

作为例子，令 1 层的振幅为 1，则 1 阶和 2 阶固有振型如下式所示：

$$\{U\}_1=\begin{Bmatrix} u_{11} \\ u_{21} \end{Bmatrix}=\begin{Bmatrix} 1 \\ 2 \end{Bmatrix},\ \{U\}_2=\begin{Bmatrix} u_{12} \\ u_{22} \end{Bmatrix}=\begin{Bmatrix} 1 \\ -0.5 \end{Bmatrix}$$

此时的振型形状如图 3.5（b）、图 3.5（c）所示。

3.1.2　多层建筑物的无阻尼自由振动

a. 多层建筑物的自由振动方程

当求解如图 3.6 所示的由 n 层组成的多层建筑物在自由振动时的运动方程时，其方法与求解双层建筑物的思路是完全一样的。首先假定将第一层切开，推导出作用在上层的惯性力和第一层弹性恢复力的平衡方程。由于所有的力都在相反的振动方向上作用，因此可得出下式：

$$-\sum_{i=1}^{n} m_i \ddot{x}_i - k_1 x_1 = -m_1\ddot{x}_1 - \sum_{i=2}^{n} m_i \ddot{x}_i - k_1 x_1 = 0 \quad (3.13a)$$

接下来是假定在第第二层中间切开，得到第二层以上的惯性力和第二层弹簧所引起的恢复力的平衡方程，即：

$$-\sum_{i=2}^{n} m_i \ddot{x}_i - k_2(x_2 - x_1)$$
$$= -m_2\ddot{x}_2 - \sum_{i=3}^{n} m_i \ddot{x}_i - k_2(x_2 - x_1) = 0 \quad (3.13b)$$

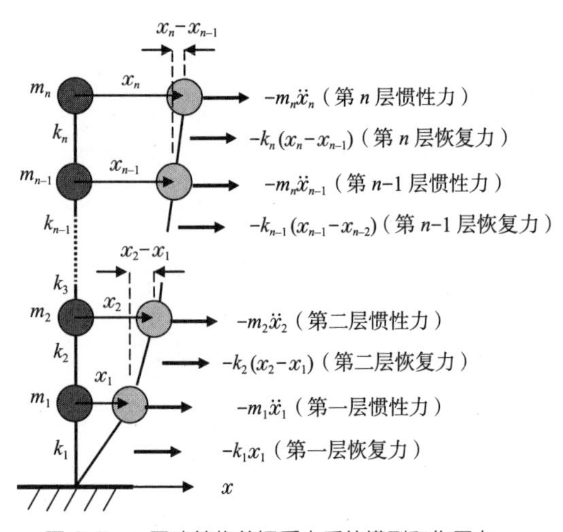

图 3.6　n 层建筑物剪切质点系统模型和作用力

请注意，与双层建筑物的情况一样，第二层的弹簧恢复力由第二层和第一层的相对位移贡献，同样，第三层、第四层，……，一层接一层地求上层的平衡方程，例如，最上层向下一层的第 n–1 层的平衡方程为：

$$-\sum_{i=n-1}^{n} m_i \ddot{x}_i - k_{n-1}(x_{n-1} - x_{n-2})$$
$$= -m_{n-1}\ddot{x}_{n-1} - m_n\ddot{x}_n - k_{n-1}(x_{n-1} - x_{n-2}) = 0 \quad (3.13c)$$

最上面第 n 层的平衡方程为：

$$-m_n\ddot{x}_n - k_n(x_n - x_{n-1}) = 0 \quad (3.13d)$$

将公式（3.13a）~ 公式（3.13d）转化为矩阵形式。首先，用公式（3.13b）将公式（3.13a）中第二层以上的惯性力项替换为第二层的恢复力项，即：

$$-m_1\ddot{x}_1 + k_2(x_2 - x_1) - k_1 x_1$$
$$= -m_1\ddot{x}_1 - (k_1 + k_2)x_1 + k_2 x_2 = 0 \quad (3.14a)$$

在每层中执行同样的操作，可获得对应于公式（3.13b）~ 公式（3.13d）的以下方程：

$$-m_2\ddot{x}_2 + k_3(x_3 - x_2) - k_2(x_2 - x_1)$$
$$= -m_2\ddot{x}_2 + k_2 x_1 - (k_2 + k_3)$$
$$x_2 + k_3 x_3 = 0 \quad (3.14b)$$

……

$$-m_{n-1}\ddot{x}_{n-1} + k_n(x_n - x_{n-1})$$
$$-k_{n-1}(x_{n-1} - x_{n-2})$$
$$= -m_{n-1}\ddot{x}_{n-1} + k_{n-1}x_{n-2}$$
$$-(k_{n-1} + k_n)x_{n-1} + k_n x_{n-1} = 0 \quad (3.14c)$$

$$-m_n\ddot{x}_n + k_n x_{n-1} - k_n x_n = 0 \quad (3.14d)$$

最后，将公式（3.14）中的符号项进行替换并将其显示在矩阵中，整理如公式（3.15）所示。

$$\begin{bmatrix} m_1 & 0 & \cdots & 0 & 0 \\ 0 & m_2 & \cdots & 0 & 0 \\ \vdots & \vdots & \ddots & \vdots & \vdots \\ 0 & 0 & \cdots & m_{n-1} & 0 \\ 0 & 0 & \cdots & 0 & m_n \end{bmatrix} \begin{Bmatrix} \ddot{x}_1 \\ \ddot{x}_2 \\ \vdots \\ \ddot{x}_{n-1} \\ \ddot{x}_n \end{Bmatrix}$$
$$+\begin{bmatrix} k_1+k_2 & -k_2 & 0 & \cdots & 0 & 0 & 0 \\ -k_2 & k_2+k_3 & -k_3 & \cdots & 0 & 0 & 0 \\ \vdots & \vdots & \vdots & \ddots & \vdots & \vdots & \vdots \\ 0 & 0 & 0 & \cdots & -k_{n-1} & -k_{n-1}+k_n & -k_n \\ 0 & 0 & 0 & \cdots & 0 & -k_n & k_n \end{bmatrix} \begin{Bmatrix} x_1 \\ x_2 \\ \vdots \\ x_{n-1} \\ x_n \end{Bmatrix}$$
$$=\begin{Bmatrix} 0 \\ 0 \\ \vdots \\ 0 \\ 0 \end{Bmatrix} \quad (3.15)$$

最终，可用下式表达：

$$[M]\{\ddot{X}\}+[K]\{X\}=\{0\} \quad (3.16)$$

与双层建筑物的情况相同，$[M]$、$[K]$ 分别代表**质量矩阵**和**刚度矩阵**，为 $n\times n$ 次。另外，$\{\ddot{X}\}$、$\{X\}$ 分别为质点系的**加速度矢量**和**位移矢量**。从公式（3.15）中可明显看出，质量矩阵为对角矩阵，刚度矩阵为对称矩阵。

b. 自由振动解（固有周期和固有振型）

与双层建筑物的情况相同，对多层建筑物自由振动方程的解进行如下假定：

$$\{X\}=\mathrm{e}^{i\omega t}\{U\} \quad (3.17)$$

式中，$\{U\}$ 是**振幅向量**，将公式（3.17）代入公式（3.15）可得以下公式：

$$([K]-\omega^2[M])\{U\}=\{0\} \quad (3.18)$$

在公式（3.18）中，振幅向量不可能总是 0，因此为了使公式（3.18）成立，系数矩阵的行列式必须为 0，即：

$$|[K]-\omega^2[M]|=0 \quad (3.19)$$

与双层建筑的情况相同，满足公式（3.19）的圆频率 ω^2 称为**特征值**，此时的振幅向量称为**特征向量**（固有振型），求这些问题的解称为**特征值解析**。多层建筑物的特征值大多用计算机进行数值分析，特征值解析的电脑软件很多，如今在网络上也能找到免费软件（搜索 eigenvalue problem，free software 等；例如 LAPACK--Linear Algebra PACKage 等）。特征值解析问题是线性代数问题，有很多网站或文献（比如参考文献 1））可用作参考。

满足公式（3.19）的正值 ω 有 n 个，按照值从小到大的顺序称为 1 阶，2 阶，……，***n* 阶固有频率**。（单位为 rad/s，用 ω_1，$\omega_2\cdots\omega_n$ 表示），对应的周期（$T_i=2\pi/\omega_i$）称为第 i 阶**固有周期**（单位为秒），周期的倒数称为第 i 阶**固有频率**（单位为 Hz）。另外，与双层建筑物一样，将 ω_i 代入公式（3.18）得到的 $\{U\}_i$ 称为第 i 阶**固有振型**（**特征向量**），是各层的振幅比。

如图 3.7 所示，通常 1 阶振型是所有层同相位，且越往上层晃动越大；2 阶振型是下部与上部的相位相反，中间出现一个拐点；3 阶振型的中间层出现两个拐点，其上部和下部同相位，中间部分为反相位。同理，越是高阶振型，其出现的拐点数量就越多，表现为更加复杂的振型。

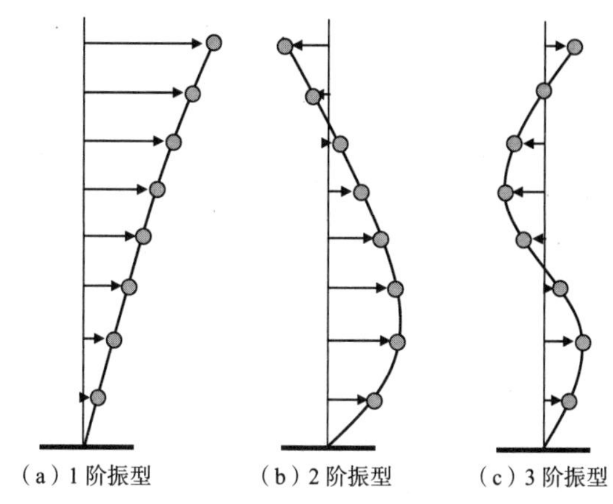

（a）1 阶振型　（b）2 阶振型　（c）3 阶振型

图 3.7　多层建筑物模型 1 阶、2 阶、3 阶振型示例

c. 固有振型的性质和展开定理

固有振型 $\{U\}_i$ 的一个重要特性是通过质量、刚度矩阵的正交性和任意振动类型的振型展开，即第 j 阶和第 k 阶固有振型正交，由公式（3.18）可得如下公式：

$$-\omega_j^2[M]\{U\}_j+[K]\{U\}_j=\{0\} \quad (3.20a)$$

$$-\omega_k^2[M]\{U\}_k+[K]\{U\}_k=\{0\} \quad (3.20b)$$

将公式（3.20）进行以下操作，首先，将公式（3.20a）两边乘以 $\{U\}_k^{\mathrm{T}}$（T 表示转置矩阵），可得：

$$-\omega_j^2\{U\}_k^{\mathrm{T}}[M]\{U\}_j+\{U\}_k^{\mathrm{T}}[K]\{U\}_j=0 \quad (3.21a)$$

然后，将公式（3.20b）整体转置后再乘以 $\{U\}_j$，进行以下变形可得：

$$\begin{aligned}&(-\omega_k^2[M]\{U\}_k+[K]\{U\}_k)^{\mathrm{T}}\{U\}_j\\&=-\omega_k^2\{U\}_k^{\mathrm{T}}[M]\{U\}_j+\{U\}_k^{\mathrm{T}}[K]\{U\}_j\\&=0\end{aligned} \quad (3.21b)$$

公式（3.21）中利用了 $[M]$、$[K]$ 为对称矩阵的性质。其次，公式（3.21a）与公式（3.21b）相减，得到如下公式：

$$(\omega_k^2-\omega_j^2)\{U\}_k^{\mathrm{T}}[M]\{U\}_j=0 \quad (3.22)$$

$j=k$ 时由于 k 阶和 j 阶的圆频率相等，所以（ ）内为 0，公式（3.22）成立，否则矩阵的积有必要为 0，即 j 阶和 k 阶振型需要满足以下表达式：

$$\{U\}_k^{\mathrm{T}}[M]\{U\}_j=\begin{cases} M_k & (k=j) \\ 0 & (k\neq j) \end{cases} \tag{3.23}$$

这里，当 $j=k$ 时定义的 M_k 称为 k 阶振型的**一般化质量**（或是**广义质量**，generalized mass）。

将公式（3.21a）除以 ω_j^2，公式（3.21 b）除以 ω_k^2 后两式相减，得到如下公式：

$$\left(\frac{1}{\omega_k^2}-\frac{1}{\omega_j^2}\right)\{U\}_k^{\mathrm{T}}[K]\{U\}_j=0 \tag{3.24}$$

同理，公式（3.23）可改写为下式：

$$\{U\}_k^{\mathrm{T}}[K]\{U\}_j=\begin{cases} K_k & (k=j) \\ 0 & (k\neq j) \end{cases} \tag{3.25}$$

公式（3.25）所定义的 K_k 称为 k 阶振型的**一般化刚度**（或**广义刚度**，generalized stiffness）。公式（3.23）和公式（3.25）意味着固有振型 $\{U\}$ 通过质量矩阵 $[M]$ 和刚度矩阵 $[K]$ 彼此**正交**（orthogonal）。

利用固有振型的正交性，质量矩阵 $[M]$ 和刚度矩阵 $[K]$ 可对角线化。但是，因为这里使用了集中质点系模型，$[M]$ 本来就是对角矩阵。然而如果使用有限元法等分布质量系模型，即使存在非对角的要素，这里所示的方法也可以直接成立。因此，要敢于表示质量矩阵 $[M]$ 的对角化，为此，首先是创建**振型矩阵**（mode matrix），定义如下：

$$[U]\equiv[\{U\}_1\{U\}_2\cdots\{U\}_n] \tag{3.26}$$

其次，把 $[M]$ 转置之前的振型矩阵和转置之后的振型矩阵相乘，并使用公式（3.23）的正交性，得出如公式（3.27）所示的 $[M]$ 的对角化。

$$\begin{aligned}
&[U]^{\mathrm{T}}[M][U] \\
&=\begin{bmatrix}\{U\}_1^{\mathrm{T}}\\ \{U\}_2^{\mathrm{T}}\\ \vdots \\ \{U\}_n^{\mathrm{T}}\end{bmatrix}[M][\{U\}_1\{U\}_2\cdots\{U\}_n] \\
&=\begin{bmatrix}\{U\}_1^{\mathrm{T}}[M]\{U\}_1 & \{U\}_1^{\mathrm{T}}[M]\{U\}_2 & \cdots & \{U\}_1^{\mathrm{T}}[M]\{U\}_n \\ \{U\}_2^{\mathrm{T}}[M]\{U\}_1 & \{U\}_2^{\mathrm{T}}[M]\{U\}_2 & \cdots & \{U\}_2^{\mathrm{T}}[M]\{U\}_n \\ \vdots & \vdots & \ddots & \vdots \\ \{U\}_n^{\mathrm{T}}[M]\{U\}_1 & \{U\}_n^{\mathrm{T}}[M]\{U\}_2 & \cdots & \{U\}_n^{\mathrm{T}}[M]\{U\}_n\end{bmatrix} \\
&=\begin{bmatrix}M_1 & 0 & \cdots & 0 \\ 0 & M_2 & \cdots & 0 \\ \vdots & \vdots & \ddots & \vdots \\ 0 & 0 & \cdots & M_n\end{bmatrix}
\end{aligned} \tag{3.27}$$

换句话说，得到一个对角项为广义质量、其他分量为 0 的对角矩阵。同理，$[K]$ 也可以得到对角项为广义刚度的对角矩阵。

然后，把任意的振动形式 $\{X\}$ 通过固有振型的叠加，如图 3.8 所示，假定如下：

$$\begin{aligned}\{X\}&=q_1\{U\}_1+q_2\{U\}_2+\cdots+q_n\{U\}_n \\ &=\sum_{i=1}^{n}q_i\{U\}_i=[U]\{Q\}\end{aligned} \tag{3.28}$$

系数向量 $\{Q\}$ 通过振型的正交性求出，即将公式（3.28）两边从前面乘以 $\{U\}_i^{\mathrm{T}}[M]$，利用振型正交性得到如下公式：

$$\begin{aligned}\{U\}_i^{\mathrm{T}}[M]\{X\}&=\{U\}_i^{\mathrm{T}}[M][U]\{Q\} \\ &=\{U\}_i^{\mathrm{T}}[M]\{U\}_i q_i=M_i q_i\end{aligned}$$

$$\therefore\quad q_i=\frac{\{U\}_i^{\mathrm{T}}[M]\{X\}}{M_i}\qquad (i=1,2,\cdots,n) \tag{3.29}$$

任意振动形式通过固有振型展开的公式（3.28）、公式（3.29）被称为**展开定理**（expansion theorem）。

d. 固有振型叠加的自由振动解

利用固有振型的正交性和展开定理，多层建筑物的自由振动解是通过对第 2 章所求的单层建筑物的自由振动解的叠加来实现的。这里给定初始条件 $t=0$ 时的位移矢量 $\{d_0\}$ 和速度矢量 $\{v_0\}$，可求出相应自由振动的解。

通过公式（3.18）、公式（3.19）求解特征值问题，找出多层建筑物的特征值 ω_i 和固有振型 $\{U\}_i$，然后应用上述初始条件 $\{d_0\}$ 和 $\{v_0\}$ 通过展开定理进行展开。

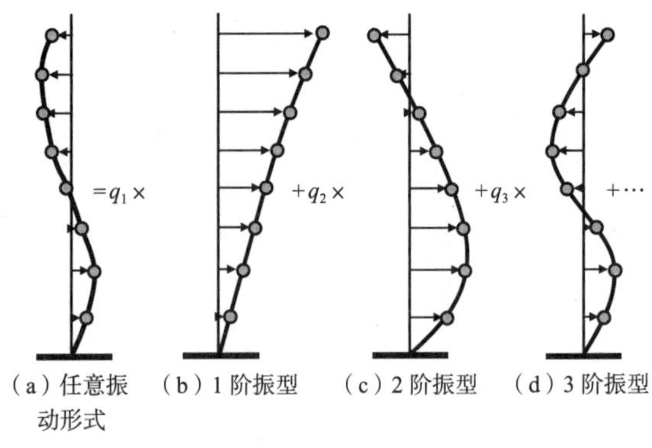

图 3.8 多层建筑物任意振动形式和固有振型的展开

$$\{d_0\}=\sum_{i=1}^{n} d_{0i}\{U\}_i,\qquad \{v_0\}=\sum_{i=1}^{n} v_{0i}\{U\}_i \tag{3.30}$$

式中，d_{0i} 和 v_{0i} 通过公式（3.29）得出以下表达式：

$$d_{0i}=\frac{\{U\}_i^{\mathrm{T}}[M]\{d_0\}}{M_i},$$

$$v_{0i}=\frac{\{U\}_i^{\mathrm{T}}[M]\{v_0\}}{M_i}\qquad (i=1,2,\cdots,n) \tag{3.31}$$

将公式（3.28）的振型展开位移代入公式（3.16）的运动方程，从前面乘以 $\{U\}_i^{\mathrm{T}}$，可得下式：

$$\begin{aligned}&\{U\}_i^{\mathrm{T}}([M]\{\ddot{X}\}+[K]\{X\})\\&=\{U\}_i^{\mathrm{T}}([M][U]\{\ddot{Q}\}+[K][U]\{Q\})\\&=\{U\}_i^{\mathrm{T}}[M]\{U\}_i\ddot{q}_i+\{U\}_i^{\mathrm{T}}[K]\{U\}_i q_i\\&=M_i\ddot{q}_i+K_i q_i=0\end{aligned}$$

$$\therefore\quad \ddot{q}_i+\omega_i^2 q_i=0\qquad (i=1,2,\cdots,n) \tag{3.32}$$

式中，

$$\omega_i=\sqrt{\frac{K_i}{M_i}}\qquad (i=1,2,\cdots,n) \tag{3.33}$$

公式（3.32）是振幅系数 q_i 相关的单层建筑自由振动方程。通过公式（3.31）获得此时对应于 q_i 的第 i 阶振型的位移和速度的初始条件。

因此，第 i 阶振型的系数矢量分量 q_i 可以从第 2 章所求出的单层建筑物的自由振动解公式（2.21）中获得，并将其代入公式（3.28），可以求得多层建筑物的自由振动解。

$$\{X\}=\sum_{i=1}^{n} C_{0i}\cos(\omega_i t+\phi_i)\{U\}_i \tag{3.34a}$$

式中，

$$C_{0i}=\sqrt{d_{0i}^{\,2}+\left(\frac{v_{0i}}{\omega_i}\right)^2},\quad \phi_i=\tan^{-1}\left(\frac{-v_{0i}}{\omega_i d_{0i}}\right) \tag{3.34b}$$

【例题 3.2】确认图 3.5（a）所示的双层建筑物的固有振型与 [M] 和 [K] 正交，求广义质量和广义刚度。此外，初始条件中，第一层、第二层的初始位移为 1cm，初速度为 0，求此时的自由振动解。

[解] 首先，固有振型的正交性可以很容易的从【例题 3.1】中获得的 1 阶、2 阶振型（令第一层的振幅为 1）中得到。首先，关于质量矩阵，

$$\begin{aligned}\{U\}_1^{\mathrm{T}}[M]\{U\}_1&=\{1\quad 2\}\begin{bmatrix}1&0\\0&1\end{bmatrix}\begin{Bmatrix}1\\2\end{Bmatrix}\times10^5\\&=5\times10^5=M_1\ \text{〔kg〕}\end{aligned}$$

$$\begin{aligned}\{U\}_1^{\mathrm{T}}[M]\{U\}_2&=\{1\quad 2\}\begin{bmatrix}1&0\\0&1\end{bmatrix}\begin{Bmatrix}1\\-0.5\end{Bmatrix}\times10^5\\&=0\end{aligned}$$

$$\begin{aligned}\{U\}_2^{\mathrm{T}}[M]\{U\}_1&=\{1\quad -0.5\}\begin{bmatrix}1&0\\0&1\end{bmatrix}\begin{Bmatrix}1\\2\end{Bmatrix}\times10^5\\&=0\end{aligned}$$

$$\begin{aligned}&\{U\}_2^{\mathrm{T}}[M]\{U\}_2\\&=\{1\quad -0.5\}\begin{bmatrix}1&0\\0&1\end{bmatrix}\begin{Bmatrix}1\\-0.5\end{Bmatrix}\times10^5\\&=1.25\times10^5=M_2\ (\text{kg})\end{aligned}$$

通过质量矩阵可以确定振型的正交性，同时也能求出 1 阶、2 阶振型的广义质量。同理，关于刚度矩阵，得：

$$\{U\}_1^{\mathrm{T}}[K]\{U\}_1=\{1\quad 2\}\begin{bmatrix}500&-200\\-200&200\end{bmatrix}\begin{Bmatrix}1\\2\end{Bmatrix}\times10^5=500\times10^5=K_1\ (\text{N/m})$$

$$\{U\}_1^{\mathrm{T}}[K]\{U\}_2=\{1\quad 2\}\begin{bmatrix}500&-200\\-200&200\end{bmatrix}\begin{Bmatrix}1\\-0.5\end{Bmatrix}\times10^5=0$$

$$\{U\}_2^{\mathrm{T}}[K]\{U\}_1=\{1\quad -0.5\}\begin{bmatrix}500&-200\\-200&200\end{bmatrix}\begin{Bmatrix}1\\2\end{Bmatrix}\times10^5=0$$

$$\{U\}_2^{\mathrm{T}}[K]\{U\}_2=\{1\quad -0.5\}\begin{bmatrix}500&-200\\-200&200\end{bmatrix}\begin{Bmatrix}1\\-0.5\end{Bmatrix}\times10^5=750\times10^5=K_2\ (\text{N/m})$$

通过刚度矩阵确定了振型的正交性，同时也能求出 1 阶、2 阶振型的广义质量。在广义质量的情况下，1 阶振型比 2 阶振型更大，但是广义刚度呈现的是相反的关系。通过使用广义质量和广义刚度，从公式（3.33）中求出 1 阶、2 阶振型的圆频率 ω_1=10（rad/s），ω_2=24.50（rad/s），与【例题 3.1】所求的值相同。

接下来，给予初始条件，试着求出双层建筑物的自由振动解，初始条件如下：

$$\{d_0\}=\begin{Bmatrix}1\\1\end{Bmatrix}\ (\text{cm}),\qquad \{v_0\}=\begin{Bmatrix}0\\0\end{Bmatrix}\ (\text{cm/s})$$

与此相对应的 1 阶、2 阶振型的初始位移由公式（3.31）得出：

$$d_{01}=\frac{\{U\}_1^{\mathrm{T}}[M]\{d_0\}}{M_1}=\frac{1}{5\times10^5}\{1\quad 2\}\begin{bmatrix}1&0\\0&1\end{bmatrix}\begin{Bmatrix}1\\1\end{Bmatrix}\times10^5=\frac{3}{5}\ (\text{cm})$$

$$d_{02}=\frac{\{U\}_2{}^{\mathrm{T}}[M]\{d_0\}}{M_2}=\frac{1}{1.25\times10^5}\{1 \quad -0.5\}\begin{bmatrix}1 & 0\\ 0 & 1\end{bmatrix}\begin{Bmatrix}1\\1\end{Bmatrix}\times10^5=\frac{2}{5}\ (\mathrm{cm})$$

此外，因为初始速度是 0，所以公式（3.34b）得出 $C_{0i}=d_{0i}$，$\phi_i=0$。因此，通过公式（3.34a）得出双层建筑物的自由振动解如下式所示：

$$\begin{Bmatrix}x_1\\x_2\end{Bmatrix}=\frac{3}{5}\cos(10t)\begin{Bmatrix}1\\2\end{Bmatrix}+\frac{2}{5}\cos(24.5t)\begin{Bmatrix}1\\-0.5\end{Bmatrix}\ (\mathrm{cm})$$

右边的第 1 项贡献于 1 阶振型，第 2 项贡献于第 2 阶振型。

将第一层、第二层的自由振动解分解为 1 阶、2 阶振型的贡献如图 3.9 所示。第二层的自由振动中 1 阶振型的贡献比较大，表现为相对简单的振动，第一层振动中 2 阶振型和 1 阶振型一样有很大贡献，表现为复杂的振动。另外，根据附录 2 中的“2.2 双层建筑物的振动解析程序”的说明，对这一例题的自由振动解进行计算，可以确认结果。

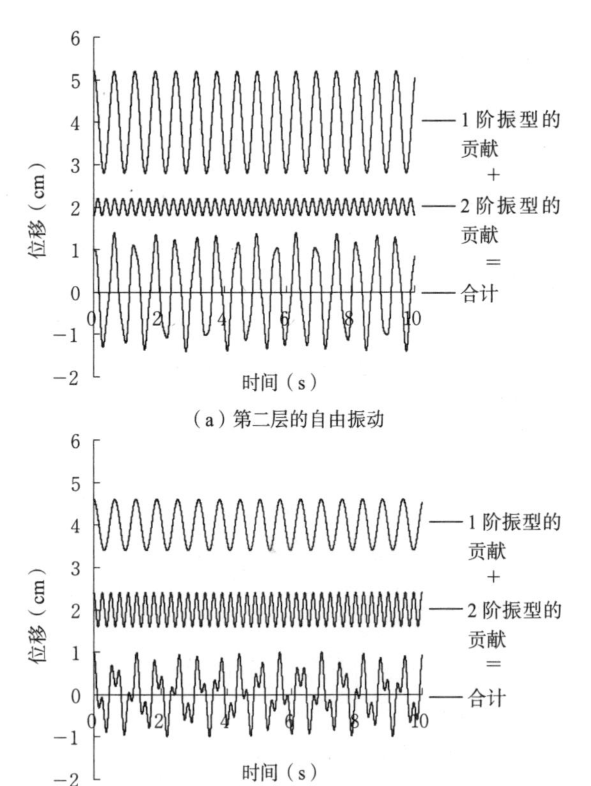

图 3.9 固有振型叠加的双层建筑物模型的自由振动

3.1.3 多层建筑物的阻尼自由振动

a. 比例阻尼引起的多层建筑物的自由振动

接下来求解有阻尼的多层建筑物的自由振动解。类似于单层建筑物，当使用阻尼力与速度成比例的黏性阻尼（viscous damping）时，多层建筑物自由振动的运动方程在惯性力和弹性恢复力的基础上增加了阻尼力项，可表达为下式：

$$[M]\{\ddot{X}\}+[C]\{\dot{X}\}+[K]\{X\}=\{0\} \qquad (3.35)$$

这里，$[C]$ 为**阻尼矩阵**（damping matrix）。然后假定阻尼矩阵与质量矩阵或刚度矩阵成正比（proportional damping），根据固有振型阻尼矩阵对角化，处理变得非常容易。因此，阻尼矩阵在实际用途上通常与以下所示的任一比例阻尼近似。

质量比例型阻尼： $[C]=\gamma_M[M]$

刚度比例型阻尼： $[C]=\gamma_K[K]$

瑞利阻尼： $[C]=\gamma_M[M]+\gamma_K[K]$ （3.36）

由于与 $[M]$ 和 $[K]$ 对角化完全相同的理由，阻尼矩阵 $[C]$ 也在固有振型中被对角化。因此，以下的关系式得以成立：

$$\{U\}_k{}^{\mathrm{T}}[C]\{U\}_j=\begin{cases}C_k & (k=j)\\ 0 & (k\neq j)\end{cases} \qquad (3.37)$$

C_k 称为 k 阶振型的**一般化阻尼系数**（或**广义阻尼系数**，genrealized damping coefficient）。

b. 固有振型叠加引起的自由振动解

当使用比例阻尼时，公式（3.35）的 $[M]$、$[C]$、$[K]$ 为对角化的矩阵，多层建筑物的自由振动解表示为单自由度系统的阻尼自由振动解的叠加。与获得公式（3.32）的方法类似，通过将振型展开公式（3.28）的位移解代入运动方程公式（3.35）并从前面乘以 $\{U\}_i^{\mathrm{T}}$，得到如下公式：

$$\{U\}_i^{\mathrm{T}}([M]\{\ddot{X}\}+[C]\{\dot{X}\}+[K]\{X\})=M_i\ddot{q}_i+C_i\dot{q}_i+K_iq_i=0$$

$$\therefore\quad \ddot{q}_i+2h_i\omega_i\dot{q}_i+\omega_i^2q_i=0\quad (i=1,2,\cdots,n) \qquad (3.38)$$

式中，$h_i=\dfrac{C_i}{2\omega_iM_i}$，$\omega_i=\sqrt{\dfrac{K_i}{M_i}}$

h_i 是第 i 阶振型的**阻尼常数**（damping ratio 或 fraction of critical damping）。公式（3.38）与第 2 章中所说明的位移振幅 x 相关的单自由度系统的阻尼自由振动的运动方程（2.46）完全相同。

如果采用瑞利阻尼（Rayleigh damping）作为比例阻尼，通过公式（3.36）h_i 可由下式求出：

$$h_i=\frac{1}{2\omega_i M_i}(\gamma_M M_i+\gamma_K K_i)=\frac{1}{2}\left(\frac{\gamma_M}{\omega_i}+\gamma_K\omega_i\right)$$
$$=\frac{T_i}{4\pi}\gamma_M+\frac{\pi}{T_i}\gamma_K \tag{3.39}$$

根据公式（3.39），质量比例型的系数 γ_M 对阻尼的贡献随着低频率（长周期）而增加，与之相反的是，刚度比例型的系数 γ_K，随着高频率（短周期）而增加。例如，通过从建筑物振动的实际测量中求出 1 阶、2 阶振型的固有频率和阻尼常数，并根据公式（3.39）联立两种振型的方程，可以求出 γ_M 和 γ_K 的值。

接下来，与获得公式（3.34）的情况一样，用公式（3.30）、公式（3.31）的 $\{d_0\}$ 和 $\{v_0\}$ 作为初始条件，通过固有振型的叠加求出自由振动解。

单自由度系统的阻尼自由振动解，公式（2.64）也适用于公式（3.38）时，可求出第 i 阶振型的振幅系数 q_i，因此，通过将其代入公式（3.28），可求出多层建筑物的阻尼自由振动的位移解。

$$\{X\}=\sum_{i=1}^{n}\mathrm{e}^{-h_i\omega_i t}\left[d_{0i}\cos(\sqrt{1-h_i^2}\omega_i t)+\frac{h_i d_{0i}+v_{0i}/\omega_i}{\sqrt{1-h_i^2}}\right.$$
$$\left.\sin(\sqrt{1-h_i^2}\omega_i t)\right]\{U\}_i \tag{3.40}$$

正如通过单层建筑物的自由振动所证实的那样，一般建筑物的阻尼常数 h 通常远小于 1，因此即使在有阻尼时的频率 $\sqrt{1-h_i^2}\omega_i$ 被无阻尼时的频率 ω_i 替换，在实际使用中也没有问题。因此，有阻尼时的固有周期几乎等于无阻尼时的固有周期。

【例题 3.3】【例题 3.1】中双层建筑物的 1 阶、2 阶振型的阻尼常数都设为 2%，求出此时的瑞利阻尼系数 γ_M 和 γ_K 的值，并采用与【例题 3.2】一样的初始条件，求其阻尼自由振动解。

［解］根据公式（3.39），代入 $h_1=h_2=0.02$ 以及 $\omega_1=10$（rad/s），ω_2=24.50（rad/s），瑞利阻尼系数的值为 $\gamma_M\approx0.28$，$\gamma_K\approx0.0012$。通过公式（3.40）求自由振动解，此时初始速度 v_{0i} 为 0 且初始位移 h_i=0.02。所以，sin 项比 cos 项的值小。于是，在这里忽略 sin 项，自由振动解如下式所示：

$$\begin{Bmatrix}x_1\\x_2\end{Bmatrix}\approx\frac{3}{5}\cos(10t)\cdot\exp(-0.20t)\begin{Bmatrix}1\\2\end{Bmatrix}$$
$$+\frac{2}{5}\cos(24.5t)\cdot\exp(-0.49t)\begin{Bmatrix}1\\-0.5\end{Bmatrix}\ (\mathrm{cm})$$

图 3.10 显示了第一层、第二层的自由振动解分解为 1 阶、2 阶振型的贡献，与图 3.9 中无阻尼的自由振动相比，我们可以看到振幅如何从初始位移 lcm 逐渐衰减的过程，特别是与 1 阶振型相比，2 阶振型的衰减更大。另外，根据附录 2 的“2.2 双层建筑物的振动解析程序”的说明，通过计算此例的自由振动解，可以确认结果。

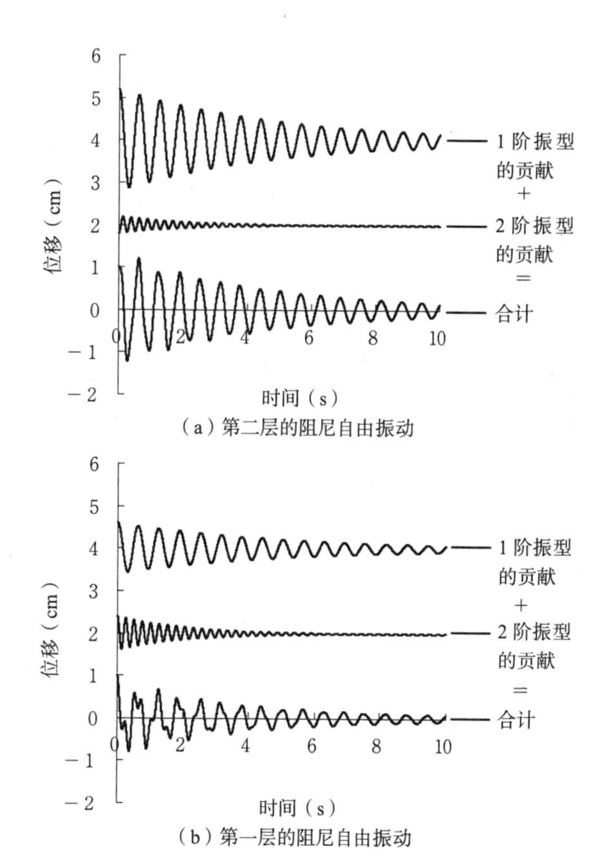

图 3.10 固有振型叠加的双层建筑物模型的阻尼自由振动

3.2 多层建筑物受迫振动所引起的稳态振动解

3.2 节涉及多层建筑物的受迫振动，这里我们以最简单的简谐激振所引起的**稳态振动**（stationary state vibration，或**稳态响应**，stationary state response）为研究对象。首先，简谐地面运动作为外力处理，然后处理激振器所引起的简谐激振。此外，如 3.1 节所述，通过展开定理使用固有振型的叠加导出解。从建筑物在接受外力开始晃动到稳定振动为止的瞬态振动解和针对风、地震等任何外力相对应的振动解将在第 4 章中进行说明。

3.2.1 简谐地面运动引起的稳态振动解

如图 3.11（a）所示，假设作用在每层上的外力矢量用 $\{f\}$ 来表示，则多层建筑物的运动方程为自由振动的运动方程（3.35）增加外力项，可表达为如下公式：

$$[M]\{\ddot{X}\}+[C]\{\dot{X}\}+[K]\{X\}=\{f\} \quad (3.41)$$

在此考虑地面运动加速度对建筑物的作用，如图 3.11（b）所示，在这种情况下，作用在各层的外力是由地面运动加速度所引起的惯性力。如果令地面运动加速度为 $\ddot{x}_0$，第 j 层的惯性力因与地面运动反方向作用，于是变为 $-m_j\ddot{x}_0$。因此，运动方程为：

$$[M]\{\ddot{X}\}+[C]\{\dot{X}\}+[K]\{X\}=-[M]\{1\}\ddot{x}_0 \quad (3.42)$$

接下来将公式（3.28）的振型展开位移解代入运动方程（3.42）并从前面乘以 $\{U\}_i^{\mathrm{T}}$，通过利用质量、刚度、阻尼矩阵固有振型的正交性可得到下面公式：

$$\{U\}_i^{\mathrm{T}}([M]\{\ddot{X}\}+[C]\{\dot{X}\}+[K]\{X\}) =M_i\ddot{q}_i+C_i\dot{q}_i+K_iq_i=-\{U\}_i^{\mathrm{T}}[M]\{1\}\ddot{x}_0$$

$$\therefore \quad \ddot{q}_i+2h_i\omega_i\dot{q}_i+\omega_i^2q_i=-\beta_i\ddot{x}_0 \quad (i=1,2,\cdots,n) \quad (3.43)$$

式中，

$$\beta_i=\frac{\{U\}_i^{\mathrm{T}}[M]\{1\}}{\{U\}_i^{\mathrm{T}}[M]\{U\}_i}=\frac{\{U\}_i^{\mathrm{T}}[M]\{1\}}{M_i} \quad (3.44)$$

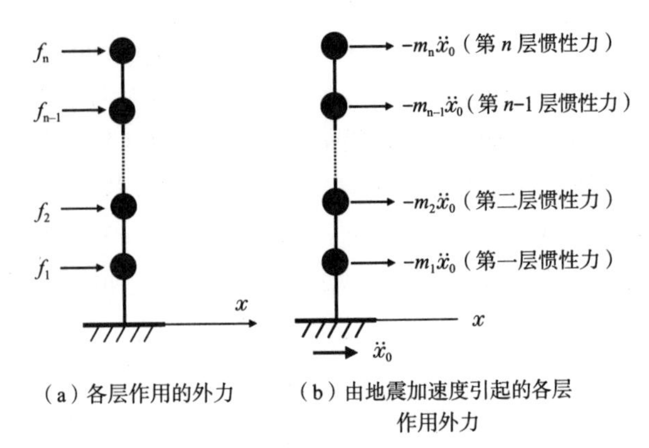

（a）各层作用的外力　（b）由地震加速度引起的各层作用外力

图 3.11　地震加速度与各层作用的惯性力

β_i 称为**参与系数**（participation factor），通过和公式（3.29）的比较可以清楚看出，振幅为 1 的位移分布矢量是第 i 阶固有振型展开后的振幅系数。

这里对简谐激振的地面运动加速度进行假设，即：

$$x_0=a_0\sin(\bar{\omega}t)，所以，\ddot{x}_0=-\bar{\omega}^2a_0\sin(\bar{\omega}t) \quad (3.45)$$

式中，a_0 是地面运动的位移振幅，$\bar{\omega}$是简谐地面运动的圆频率。将公式（3.45）代入公式（3.43），可得如下公式：

$$\ddot{q}_i+2h_i\omega_i\dot{q}_i+\omega_i^2q_i=\bar{\omega}^2\beta_ia_0\sin(\bar{\omega}t) \quad (i=1,2,\cdots,n) \quad (3.46)$$

通过与第 2 章中描述的单层建筑物的稳态振动运动方程（2.121）进行比较可以清楚地看到，公式（3.46）是具有位移振幅为 β_ia_0 的简谐地面运动的单自由度系统的运动方程。由于此种情况下的稳态振动解已通过公式（2.129）求得，因此可求系数矢量分量 q_i，把其代入公式（3.28）中能求出稳态振动解。注意，在单层建筑物的解中，外力振幅从 a_0 变为 β_ia_0 时多层建筑物的稳态振动解由下式给出：

$$\{X\}=\sum_{i=1}^{n}q_i\beta_i\{U\}_i \quad (3.47)$$

式中，q_i 和 ϕ_i 是简谐地面运动所造成的单层建筑物的稳态振动解和相位差，通过如下公式给出：

$$q_i=\frac{\bar{\omega}^2}{\sqrt{(2h_i\omega_i\bar{\omega})^2+(\omega_i^2-\bar{\omega}^2)^2}}\cdot a_0\sin(\bar{\omega}t+\phi_i) \quad (3.48)$$

$$\tan\phi_i=\left(\frac{-2h_i\omega_i\bar{\omega}}{\omega_i^2-\bar{\omega}^2}\right) \quad (i=1,2,\cdots,n) \quad (3.49)$$

公式（3.47）中 $\beta_i\{U\}_i$ 称为**参与矢量**（participation vector）。将单位位移矢量 $\{X\}=\{1\}$ 代入公式（3.28）、公式（3.29）并将其与公式（3.44）进行比较可以明显看出，参与矢量表示单位矢量在固有振型展开时对各阶振型的贡献，是一个确定的值。

$$\{1\}=\beta_1\{U\}_1+\beta_2\{U\}_2+\cdots+\beta_n\{U\}_n$$
$$=\sum_{i=1}^{n}\beta_i\{U\}_i \tag{3.50}$$

【例题 3.4】利用【例题 3.1】所求出的固有振型，求出参与系数和参与矢量。另外，假设同样的双层建筑物的 1 阶、2 阶振型的阻尼常数都设为 5%，并且给出振幅为 1cm 的地面运动激振，求此时 1 阶、2 阶振型的振幅系数，再求出 1 阶、2 阶振型共振时的振动解。

［**解**］参与系数可通过把【例题 3.1】和【例题 3.2】所求出的固有振型和广义质量代入公式（3.44）来求出。

$$\beta_1=\frac{\{U\}_1^{\mathrm{T}}[M]\{1\}}{M_1}=\frac{\{1\quad 2\}\begin{bmatrix}1&0\\0&1\end{bmatrix}\begin{Bmatrix}1\\1\end{Bmatrix}}{5}=\frac{3}{5}$$

$$\beta_2=\frac{\{U\}_2^{\mathrm{T}}[M]\{1\}}{M_2}=\frac{\{1\quad -0.5\}\begin{bmatrix}1&0\\0&1\end{bmatrix}\begin{Bmatrix}1\\1\end{Bmatrix}}{1.25}$$
$$=\frac{2}{5}$$

因此参与矢量为：

$$\beta_1\{U\}_1=\frac{3}{5}\begin{Bmatrix}1\\2\end{Bmatrix}=\frac{1}{5}\begin{Bmatrix}3\\6\end{Bmatrix}$$

$$\beta_2\{U\}_2=\frac{2}{5}\begin{Bmatrix}1\\-0.5\end{Bmatrix}=\frac{1}{5}\begin{Bmatrix}2\\-1\end{Bmatrix}$$

通过上述公式可以确认参与矢量的 1 阶、2 阶振型的和为单位矢量。

由公式（3.47）得出稳态振动解为：

$$\begin{Bmatrix}x_1\\x_2\end{Bmatrix}=\frac{q_1}{5}\begin{Bmatrix}3\\6\end{Bmatrix}+\frac{q_2}{5}\begin{Bmatrix}2\\-1\end{Bmatrix}$$

这里，利用【例题 3.1】求出的 1 阶、2 阶振型的固有圆频率 ω_1，ω_2，振幅系数 q_1，q_2 如下所示：

$$q_1=\frac{\bar{\omega}^2}{\sqrt{(100-\bar{\omega}^2)^2+\bar{\omega}^2}}\cdot\sin(\bar{\omega}t+\phi_1)$$

$$q_2=\frac{\bar{\omega}^2}{\sqrt{(600-\bar{\omega}^2)^2+6\bar{\omega}^2}}\cdot\sin(\bar{\omega}t+\phi_2)$$

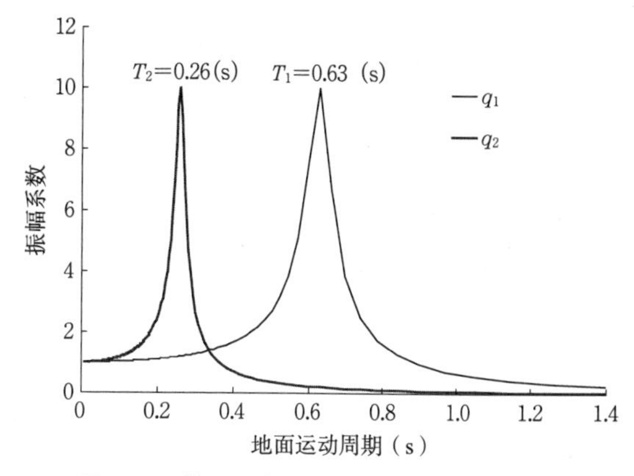

图 3.12　地面运动周期和振幅系数 q_1、q_2 的关系

式中，

$$\phi_1=\tan^{-1}\left(\frac{-\bar{\omega}}{100-\bar{\omega}^2}\right)$$

$$\phi_2=\tan^{-1}\left(\frac{-2.45\bar{\omega}}{600-\bar{\omega}^2}\right)$$

图 3.12 显示了振幅系数 q_1、q_2 与地面运动周期 $2\pi/\bar{\omega}$ 的关系，对于 1 阶固有周期 T=0.63s、q_1，2 阶固有周期 T=0.26s、q_2 中，有共振点且振幅很大。在 1 阶振型共振点中 q_1 卓越，q_2 是小到可以忽略的程度，在 2 阶振型的共振点中对于 q_2 来说，q_1 的贡献也是不能忽视的，所以还请注意。

接下来求共振时（$\bar{\omega}=\omega_i$）的振动解。1 阶振型的共振点 $\bar{\omega}=\omega_1=10$，ϕ_1 的值是根据 $\bar{\omega}=10$ 相对应的大小取 $+\pi/2$ 或者 $-\pi/2$ 的任何一个值，在这里如果用 $+\pi/2$ 的话，其他的值都会通过上面公式给出，振动解通过如下公式求出：

$$\begin{Bmatrix}x_1\\x_2\end{Bmatrix}=\frac{1}{5}\begin{Bmatrix}3\\6\end{Bmatrix}\cdot 10\sin\left(10t+\frac{\pi}{2}\right)$$
$$+\frac{1}{5}\begin{Bmatrix}2\\-1\end{Bmatrix}\cdot 0.20\sin(10t-0.049)$$

同样，2 阶振型的共振点 $\bar{\omega}=\omega_2=24.5$（rad/s），振动解在如下公式中给出：

$$\begin{Bmatrix}x_1\\x_2\end{Bmatrix}=\frac{1}{5}\begin{Bmatrix}3\\6\end{Bmatrix}\cdot 1.20\sin(24.5t+0.049)$$
$$+\frac{1}{5}\begin{Bmatrix}2\\-1\end{Bmatrix}\cdot 10\sin\left(24.5t+\frac{\pi}{2}\right)$$

图 3.13 显示了在 1 阶、2 阶振型的共振点激振时的振动解。通过 1 阶振型共振进行激振时，第一层、第二层进行同相位晃动，第二层的晃动

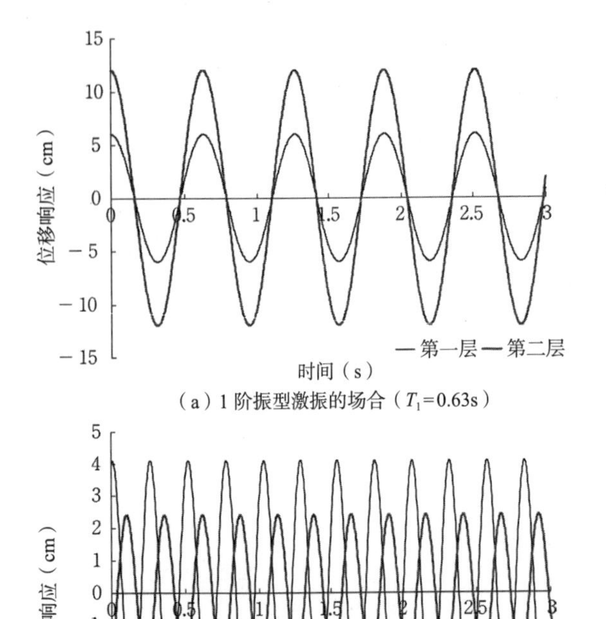

（a）1 阶振型激振的场合（T_1=0.63s）

（b）1 阶振型加振的场合（T_2=0.26s）

图 3.13　1 阶、2 阶振型的共振点进行地面运动激振的双层建筑的稳态振动

会很大。另一方面，在 2 阶振型共振点进行激振时，第二层以第一层之后的相位延迟进行晃动，且第一层晃动比较剧烈。

3.2.2　激振器引起的稳态振动解

将激振器作为外力安装在第 k 层，求解仅第 k 层进行稳态激振时的稳态振动解。这种情况下，公式（3.41）的外力矢量表示如下：

$$\{f\}=\begin{Bmatrix}0\\ \vdots\\ P_k\\ \vdots\\ 0\end{Bmatrix}\sin(\bar{\omega}t)=\{P_k\}\sin(\bar{\omega}t) \qquad (3.51)$$

这里，$\{P_k\}$ 是仅激振点的第 k 层振幅为 P_k，其他分量为 0 的振幅向量。另外，$\bar{\omega}$ 为激振器的圆频率。

把运动方程（3.41）代入公式（3.51），并在前面乘以固有振型 $\{U\}_i^{\mathrm{T}}$，得到如下公式：

$$\begin{aligned}&\{U\}_i^{\mathrm{T}}([M]\{\ddot{X}\}+[C]\{\dot{X}\}+[K]\{X\})\\&=M_i\ddot{q}_i+C_i\dot{q}_i+K_i\dot{q}_i\\&=\{U\}_i^{\mathrm{T}}\{P_k\}\sin(\bar{\omega}t)=U_{ki}P_k\sin(\bar{\omega}t)\end{aligned}$$

$$\therefore\quad \ddot{q}_i+2h_i\omega_i\dot{q}_i+\omega_i^2q_i=\frac{U_{ki}P_k}{M_i}\sin(\bar{\omega}t)$$

$$(i=1,2,\cdots,n) \qquad (3.52)$$

这里，U_{ki} 是第 i 阶振型中第 k 层的振幅分量。

公式（3.52）与公式（3.46）相比，两者的区别仅仅是简谐外力的振幅不同而已。与第 2 章单层建筑物激振器所引起的运动方程（2.92）相比较可以看出，除了在振幅上多了 U_{ki} 以外其他完全相同。因此，根据公式（3.47），其稳态振动解为：

$$\{X\}=\sum_{i=1}^{n}q_i\{U_k\}_i \qquad (3.53)$$

式中，

$$q_i=\frac{X_{si}\omega_i^2}{\sqrt{\{\omega_i^2-\bar{\omega}^2\}^2+(2h_i\omega_i\bar{\omega})^2}}\cdot\sin(\bar{\omega}t+\phi_i) \qquad (3.54)$$

$$X_{si}=\frac{U_{ki}P_k}{\omega_i^2M_i}=\frac{U_{ki}P_k}{K_i} \qquad (3.55)$$

式中 ϕ_i 同公式（3.49）。

3.3　扭转振动

3.3.1　扭转振动和各种术语

到现在为止所涉及的建筑物都是假设柱子和墙壁等构件在平面上对称布置。如图 3.14（a）所示（本例中沿 x 轴对称），当力作用于建筑物的**重心**（center of gravity 或 center of mass）时，它会沿水平方向变形，但不会产生扭转变形。然而，如图 3.14（b）所示，当墙壁等在水平面上非对称设置时，墙壁集中的一侧因刚度高而相对不易变形，墙壁少的一侧因刚度低而容易变形。因此，当力施加到重心时就会产生**扭矩**（torsional moment），如图 3.14（b）所示，从而引起扭转变形。为了不产生扭转，需要将施力点移动到比重心更高的刚度侧，如图 3.14（c）所示，这种为了不使扭转产生的施力点称为**刚度中心**（center of stiffness），从重心到刚度中心的距离称为**偏心距**（eccentricity）。

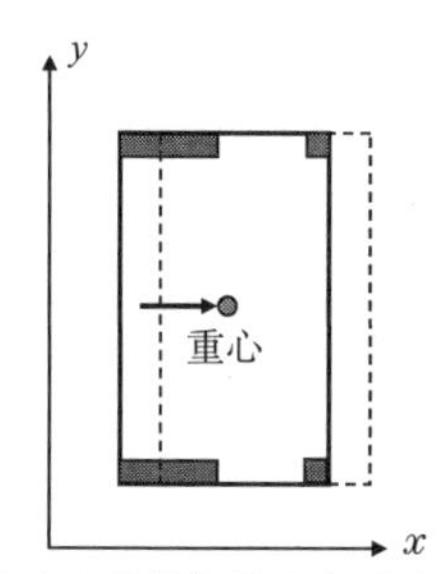

（a）以结构构件（墙 / 柱）沿 x 轴对称分布的建筑物为对象在重心位置施加力时的变形

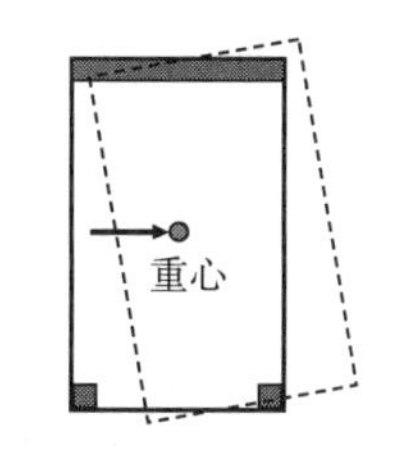

（b）结构构件为非对称分布的建筑物在重心位置施加力时的变形

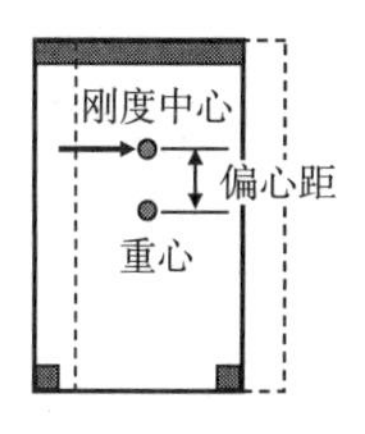

（c）结构构件为非对称分布的建筑物在刚度中心位置施加力时的变形

图 3.14 结构构件的对称与非对称平面布置

如图 3.14（b）所示，在偏心建筑物中，除了建筑物水平方向的振动以外，还会产生**扭转振动**（torsional vibration；或**旋转振动**，rotational vibration）。因此，与图 3.14（a）中建筑物相比，即使在 x 方向上柱子和墙壁的刚度总和相同，图 3.14（b）中墙壁较少的一侧产生较大变形，抗震性能较差。作为墙体设置不当的建筑物示例，面向道路的商店或公寓的南侧等，道路一侧或南侧开口几乎没有墙，这种情况下，如图 3.15 中的示例所示，地震时因扭转振动导致开口侧的剧烈晃动，从而引起坍塌毁坏。

在 3.3 节中，如图 3.14 所示，柱和墙等的结构构件在水平面上为非对称布置，水平振动和扭转振动形成联动，此时，结构构件上面的楼板刚度较大不容易变形（假设为刚性楼板），假定质量集中于楼板。

图 3.15 道路一侧（前侧）1 层部分没有墙壁，由于地震引起的扭转振动柱子发生破坏
（1978 年宫城县冲地震，摄影：西川孝夫）

a. 刚度中心与偏心距

本节对与扭转振动有关的各种术语事先进行整理。图 3.16 为结构构件的平面布置示意图，在这个模型中，墙被布置到偏左上角位置，如果沿着 x 方向或 y 方向向重心位置（坐标原点）施加力，则该模型除了平行于轴方向位移之外，还发生逆时针扭转。因此，如果施力点向左上角移动并沿着 x 方向或 y 方向施加力，此时扭转不会发生而是沿着轴方向平行移动。如上所述，当不产生扭转变形时施力点或刚度中心到重心的距离就是偏心距，如图所示，偏心距在 x，y 方向分别用 e_x，e_y 来表示。

现在，在刚度中心的 x 方向施加大小为 P_x 的力，结构构件在 x 方向发生位移 δ_x，这种情况下，P_x 和 δ_x 在下面公式中成立：

$$P_x=\sum_{i=1}^{n} k_{ix}\,\delta_x=K_x\delta_x,\qquad 其中，\ K_x=\sum_{i=1}^{n} k_{ix} \tag{3.56}$$

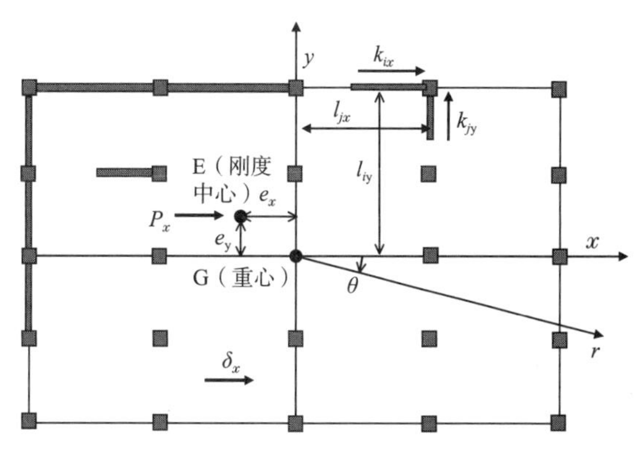

图 3.16 结构构件（柱・墙）的布置与扭转振动

这里，k_{ix} 表示第 i 个结构构件 x 方向的**剪切刚度**，n 是结构构件的总数，K_x 是 x 方向的**层刚度**（结构构件所引起的剪切刚度的合计）。

为了通过作用在刚度中心 x 方向的力 P_x 防止扭转位移，需要平衡由 P_x 引起的力矩和结构构件引起的抵抗力矩。因此，如果力矩的中心作为重心，则下面等式成立。

$$P_x e_y = \sum_{i=1}^{n} k_{ix} l_{iy} \delta_x \tag{3.57}$$

式中，l_{iy} 是第 i 个结构构件的重心的 y 方向距离。根据公式（3.56）和公式（3.57）可通过下面公式求出 y 轴方向的偏心距 e_y：

$$e_y = \frac{\sum_{i=1}^{n} k_{ix} l_{iy} \delta_x}{P_x} = \frac{\sum_{i=1}^{n} k_{ix} l_{iy}}{K_x} \tag{3.58a}$$

同理，x 轴方向的偏心距 e_x 如下式所示：

$$e_x = \frac{\sum_{i=1}^{n} k_{iy} l_{ix}}{K_y} \tag{3.58b}$$

b. 扭转刚度和弹性半径

如图 3.16 所示，以重心为中心，以角度 θ 顺时针旋转产生扭转变形时，结构构件的抵抗力矩公式如下所示：

$$\begin{aligned} M &= \sum_{i=1}^{n} (k_{ix} l_{iy} \theta \cdot l_{iy} + k_{iy} l_{ix} \theta \cdot l_{ix}) \\ &= \sum_{i=1}^{n} (k_{ix} l_{iy}^2 + k_{iy} l_{ix}^2) \cdot \theta \end{aligned} \tag{3.59}$$

因此，**重心相对应的扭转刚度**（torsional stiffness）表示为 $K_{G\theta}$ 的话，可通过以下公式求出：

$$K_{G\theta} = \frac{M}{\theta} = \sum_{i=1}^{n} (k_{ix} l_{iy}^2 + k_{iy} l_{ix}^2) \tag{3.60a}$$

另一方面，**刚度中心相对应的扭转刚度** $K_{E\theta}$ 刚好从坐标原点移动到刚度中心，所以可通过下式求出：

$$\begin{aligned} K_{E\theta} &= \sum_{i=1}^{n} [k_{ix} (l_{iy} - e_y)^2 + k_{iy} (l_{ix} - e_x)^2] \\ &= K_{G\theta} - (K_x e_y^2 + K_y e_x^2) \end{aligned} \tag{3.60b}$$

因此，可以理解由于结构构件远离重心和刚度中心布置，不太可能产生扭转，把这种产生扭转的指标定义为**弹性半径**（或**弹力半径**，elastic radius），用 r_x，r_y 表示，具体定义如下：

$$r_x = \sqrt{\frac{K_{E\theta}}{K_x}}, \quad r_y = \sqrt{\frac{K_{E\theta}}{K_y}} \tag{3.61}$$

c. 偏心率

下面定义的 R_x，R_y 被称为**偏心率**（eccentricity ratio），是抗震设计的重要指标。

$$R_x = \frac{e_x}{r_x}, \quad R_y = \frac{e_y}{r_y} \tag{3.62}$$

随着分子的偏心距越小，分母的弹性半径越大，偏心率的值变得越小，就越难产生扭转。顺便说一下，在根据建筑标准法进行二次设计时，规定偏心率为小于等于 0.15 的，尤其是在 2000 年修订的建筑标准法中，木造住宅的偏心率必须小于 0.3。

d. 转动惯量力矩和回转半径

如图 3.17 所示，求出楼板围绕重心旋转时产生的惯性力矩。在这种情况下，考虑到微小部分 dA 的惯性力矩，并将其和在楼边面上进行积分，即：

$$\begin{aligned} \boldsymbol{M} &= \int \rho h \cdot \mathrm{d}A \cdot r\ddot{\theta} \cdot r = \rho h \ddot{\theta} \int r^2 \mathrm{d}A \\ &= \rho h \ddot{\theta} \iint (x^2 + y^2)\ \mathrm{d}x\mathrm{d}y \end{aligned} \tag{3.63a}$$

式中，ρ 是楼板密度，h 是楼板厚度。如图 3.17 所示的长方形楼板，有：

$$\begin{aligned} M &= \frac{1}{12} \rho h \ddot{\theta} \cdot L_x L_y (L_x^2 + L_y^2) \\ &= \frac{1}{12} m \ddot{\theta} (L_x^2 + L_y^2) \end{aligned} \tag{3.63b}$$

式中，m 是楼板的总质量。因此，**转动惯量**（rotational inertia）I_G 的值可以通过如下公式求出：

$$I_G = \frac{M}{\ddot{\theta}} = \frac{m}{12} (L_x^2 + L_y^2) \tag{3.64}$$

此外，**回转半径**（radius of gyration）是下面公式所定义的常量：

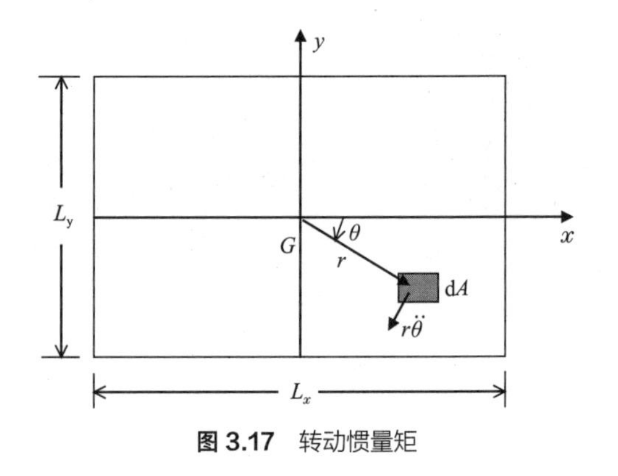

图 3.17 转动惯量矩

$$r_\theta=\sqrt{\frac{I_G}{m}}=\sqrt{\frac{L_x{}^2+L_y{}^2}{12}} \qquad (3.65)$$

3.3.2 考虑扭转的自由振动（无阻尼自由振动）

a. 运动方程

考虑建筑物的扭转进行自由振动的公式推导。振动的自由度有三个，分别为重心在 x，y 方向的平动（lateral vibration）和 θ 方向的扭转振动，如图 3.18 所示，以各结构构件的重心为中心的平移和扭转引起的位移 x，y，θ 及其所需要的力的平衡，由以下三个运动方程构成：

$$m\ddot{x}+\sum_{i=1}^{n}k_{ix}(x+l_{iy}\theta)=m\ddot{x}+K_x(x+e_y\theta) \qquad (3.66a)$$

$$m\ddot{y}+\sum_{i=1}^{n}k_{iy}(y-l_{ix}\theta)=m\ddot{y}+K_y(y-e_x\theta)=0 \qquad (3.66b)$$

$$I_G\ddot{\theta}+\sum_{i=1}^{n}k_{ix}(x+l_{iy}\theta)\cdot l_{iy}-\sum_{i=1}^{n}k_{iy}(y-l_{ix}\theta)\cdot l_{ix}$$
$$=I_G\ddot{\theta}+K_xe_yx-K_ye_xy+K_{G\theta}\theta=0 \qquad (3.66c)$$

接下来为了统一公式（3.66）的 3 个维度，将公式（3.66 c）除以回转半径并用矩阵表示，得到如下公式：

$$\begin{bmatrix} m & 0 & 0 \\ 0 & m & 0 \\ 0 & 0 & m \end{bmatrix}\begin{Bmatrix} \ddot{x} \\ \ddot{y} \\ r_\theta\ddot{\theta} \end{Bmatrix}+\begin{bmatrix} K_x & 0 & K_x\dfrac{e_y}{r_\theta} \\ 0 & K_y & K_y\dfrac{e_x}{r_\theta} \\ K_x\dfrac{e_y}{r_\theta} & -K_y\dfrac{e_x}{r_\theta} & \dfrac{K_{G\theta}}{r_\theta{}^2} \end{bmatrix}\begin{Bmatrix} x \\ y \\ r_\theta\theta \end{Bmatrix}=\begin{Bmatrix} 0 \\ 0 \\ 0 \end{Bmatrix} \qquad (3.67)$$

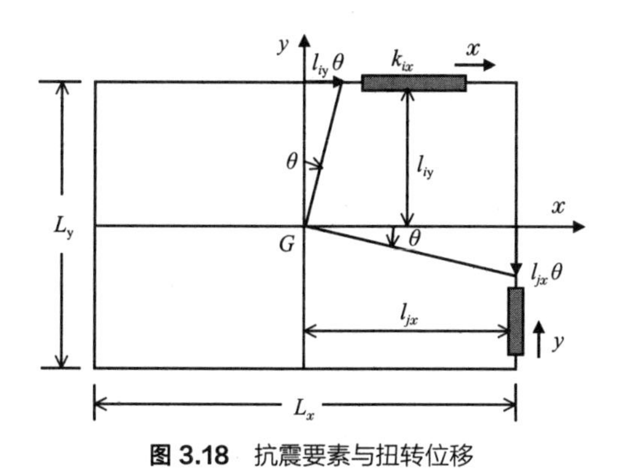

图 3.18 抗震要素与扭转位移

概括起来可以用下面的公式表示：

$$[M]\{\ddot{X}\}+[K]\{X\}=\{0\} \qquad (3.68)$$

与多层建筑物的公式（3.16）相同，$[M]$、$[K]$ 分别代表了质量矩阵，刚度矩阵，拥有 3 × 3 次元。此外，$\{\ddot{X}\}$、$\{X\}$ 分别为加速度矢量和位移矢量。多层的场合中质量矩阵是对角矩阵，刚度矩阵是对称矩阵。

b. 固有频率和固有周期

运动方程（3.68）的自由振动解可以很容易被理解为像多层建筑物那样的特征值问题。为了简化问题，假定 x 轴方向没有偏心（$e_x=0$），求出 x 分量和扭转分量的位移耦合时的自由振动解，该单轴偏心的情况下运动方程如下：

$$\begin{bmatrix} m & 0 \\ 0 & m \end{bmatrix}\begin{Bmatrix} \ddot{x} \\ r_\theta\ddot{\theta} \end{Bmatrix}+\begin{bmatrix} K_x & K_x\dfrac{e_y}{r_\theta} \\ K_x\dfrac{e_y}{r_\theta} & \dfrac{K_{G\theta}}{r_\theta{}^2} \end{bmatrix}\begin{Bmatrix} x \\ r_\theta\theta \end{Bmatrix}=\begin{Bmatrix} 0 \\ 0 \end{Bmatrix} \qquad (3.69)$$

与推导双层建筑物的解完全相同的方式，假定该建筑物以圆频率 ω 自由振动，其位移的解被分成频率（时间）项和振幅项。

$$\begin{Bmatrix} x \\ r_\theta\theta \end{Bmatrix}=\mathrm{e}^{i\omega t}\begin{Bmatrix} X \\ r_\theta\Theta \end{Bmatrix} \qquad (3.70)$$

把公式（3.70）代入公式（3.69），得出下一个特征值问题。

$$\begin{bmatrix} K_x-\omega^2m & K_x\dfrac{e_y}{r_\theta} \\ K_x\dfrac{e_y}{r_\theta} & \dfrac{K_{G\theta}}{r_\theta{}^2}-\omega^2m \end{bmatrix}\begin{Bmatrix} X \\ r_\theta\Theta \end{Bmatrix}=\begin{Bmatrix} 0 \\ 0 \end{Bmatrix} \qquad (3.71)$$

在公式（3.71）中，振幅向量不可能总是为 0，所以系数矩阵的行列式必须为 0，即如下公式成立：

$$\begin{vmatrix} K_x-\omega^2m & K_x\dfrac{e_y}{r_\theta} \\ K_x\dfrac{e_y}{r_\theta} & \dfrac{K_{G\theta}}{r_\theta{}^2}-\omega^2m \end{vmatrix}=0 \qquad (3.72)$$

公式（3.72）根据对角线法则可获得 ω^2 相关的二次方程，此外，当使用公式（3.60）、公式（3.61）等进行变换时，二次方程的根如下式所示：

$$\omega^2=\frac{\omega_x{}^2}{2}\left\{1+\left(\frac{r_x}{r_\theta}\right)^2+\left(\frac{e_y}{r_\theta}\right)^2\pm\sqrt{\left[1+\left(\frac{r_x}{r_\theta}\right)^2+\left(\frac{e_y}{r_\theta}\right)^2\right]^2-4\left(\frac{r_x}{r_\theta}\right)^2}\right\} \qquad (3.73)$$

式中，

$$\omega_x=\sqrt{\frac{K_x}{m}} \tag{3.74}$$

ω_x 是 x 方向上平动的固有圆频率。对于 ω_x，从公式（3.73）的平方根求出两个正值 ω，较小的是 1 阶固有圆频率，较大的是 2 阶固有圆频率，并且存在与固有频率对应的 1 阶、2 阶固有周期。

【例题 3.5】 除 $e_x=0$ 之外，当 $e_y=0$（y 轴方向没有偏心）时，证明自由振动完全分离为 x 方向的平移振型和 θ 方向的扭转振型，并求出各自的固有圆频率。

[解] 将 $e_y=0$ 代入公式（3.69），刚度矩阵的非对角项变为 0。因此，平移振型和扭转振型完全分离。把公式（3.73）代入 $e_y=0$ 可得到如下公式：

$$\omega=\omega_x,\ \omega=\omega_x\sqrt{\frac{r_x}{r_\theta}}\equiv\omega_\theta \tag{3.75}$$

前者是平移振型，后者是扭转振型的固有圆频率。当 r_x/r_θ 大于 1 时（结构构件远离重心，扭转很难产生时），$\omega_x<\omega_\theta$，平移振型为 1 阶振型，扭转振型为 2 阶振型。相反当 r_x 小于 r_θ 时，$\omega_x>\omega_\theta$，扭转振型变为 1 阶振型，平移振型变为 2 阶振型。

c. 自由振动解（固有振型、正交性和回转中心）

将公式（3.73）中 1 阶、2 阶振型的固有圆频率带入公式（3.71），可求出 1 阶、2 阶振型对应的固有振型，将其设为 $\{U\}_k$（k=1，2），则多层建筑物获得的质量矩阵和刚度矩阵与 $\{U\}_k$ 正交。

$$\{U\}_k^{\mathrm{T}}[M]\{U\}_j=m\cdot\{U\}_k^{\mathrm{T}}\{U\}_j=\begin{cases}M_k & (k=j)\\ 0 & (k\neq j)\end{cases} \tag{3.76a}$$

$$\{U\}_k^{\mathrm{T}}[K]\{U\}_j=\begin{cases}K_k & (k=j)\\ 0 & (k\neq j)\end{cases} \tag{3.76b}$$

M_k，K_k 是第 k 阶振型的广义质量和广义刚度。通过公式（3.76a）可以看出，固有振型不通过矩阵而直接正交。

此外，固有振型意味着 x 方向的振幅 X_i 与 θ 方向旋转角度的振幅 Θ_i 之比，因此振幅比是一个定值，意味着以 y 轴上的一点为中心进行扭转振动。于是，通过公式（3.71）定义 1 阶，2 阶振型

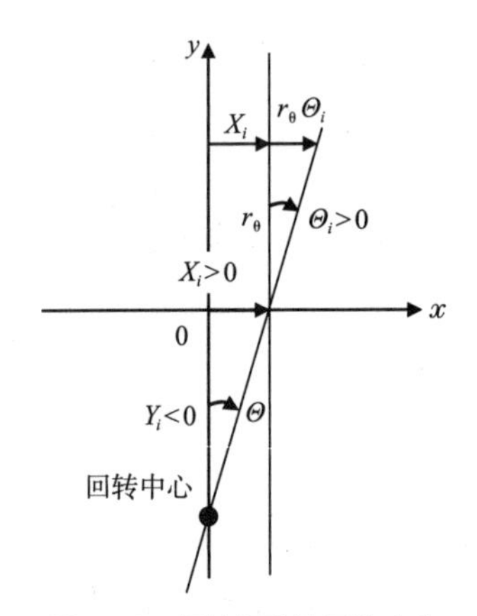

图 3.19 扭转振动的回转中心

在 y 轴上的回转中心位置 Y_1 和 Y_2，如图 3.19 所示，当 X_i 和 θ_i 的值均为正值时，回转中心位于 x 轴的下侧，即 Y_i 的值必须为负。

$$Y_i\equiv-\left(\frac{X}{\Theta}\right)_i=\frac{K_x e_y}{-\omega_i^2 m+K_x}=\frac{e_y}{1-\left(\frac{\omega_i}{\omega_x}\right)^2}\quad(i=1,2) \tag{3.77}$$

通过公式（3.73）、公式（3.77）能轻松获得 Y_1、Y_2 的积为：

$$Y_1\cdot Y_2=-r_\theta^2 \tag{3.78}$$

也就是说，1 阶、2 阶振型的回转中心始终位于与重心位置正负侧相反的位置上（参考图 3.21）。

接下来，与双层建筑的情况完全同样的方式，通过叠加固有振型可以推导出自由振动解。可以通过公式（3.28）的展开定理，在固有振型中展开初始条件 $\{d_0\}$ 和 $\{v_0\}$。

$$\{d_0\}=\begin{Bmatrix}x\\ r_\theta\theta\end{Bmatrix}_{t=0}=\sum_{i=1}^{2}d_{0i}\{U\}_i \tag{3.79a}$$

$$\{v_0\}=\begin{Bmatrix}\dot{x}\\ r_\theta\dot{\theta}\end{Bmatrix}_{t=0}=\sum_{i=1}^{2}v_{0i}\{U\}_i \tag{3.79b}$$

这里，d_{0i} 和 v_{0i} 通过以下公式代入公式（3.29）、公式（3.76a）中获得：

$$d_{0i}=\frac{m}{M_i}\{U\}_i^{\mathrm{T}}\{d_0\} \tag{3.80a}$$

$$v_{0i}=\frac{m}{M_i}\{U\}_i^{\mathrm{T}}\{v_0\}\quad(i=1,2) \tag{3.80b}$$

因此，自由振动解可以由下式表达：

$$\begin{Bmatrix}x\\ r_\theta\theta\end{Bmatrix}=\sum_{i=1}^{2}C_{0i}\cos(\omega_i t+\phi_i)\{U\}_i \tag{3.81a}$$

式中，

$$C_{0i}=\sqrt{d_{0i}{}^2+\left(\frac{v_{0i}}{\omega_i}\right)^2},\quad \phi_i=\tan^{-1}\left(\frac{-v_{0i}}{\omega_i d_{0i}}\right) \quad (3.81b)$$

【例题 3.6】一个建筑物模型，其结构构件（墙）的布置如图 3.20 所示。当质量为 $m=10^5$kg（100t）时，求固有周期、固有振型、广义质量、广义刚度以及回转中心。此外，当给出 x 方向 1cm 位移和 0° 扭转角的初始条件时，求出自由振动解。提示，图 3.20 的结构构件只在墙壁面内具有刚度。

[解]通过层刚度公式（3.56）可得，$K_x=K_y=300\times10^5$N/m（300kN/cm）。通过偏心距公式（3.58）可得：

$$e_y=\frac{\sum_{i=1}^{n}k_{ix}l_{iy}}{K_x}=\frac{200\times12-100\times12}{300}=4(\text{m})$$

$$e_x=\frac{\sum_{i=1}^{n}k_{iy}l_{ix}}{K_y}=\frac{150\times9-150\times9}{300}=0$$

此外，扭转刚度和弹性半径可通过公式（3.60a）、公式（3.60b）和公式（3.61）得出：

相对于重心的扭转刚度：

$$K_{G\theta}=\sum_{i=1}^{n}(k_{ix}l_{iy}{}^2+k_{iy}l_{ix}{}^2)=67500\times10^5\ (\text{N/m})$$

相对于刚度中心的扭转刚度：

$$K_{E\theta}=K_{G\theta}-(K_xe_y{}^2+K_ye_x{}^2)=62700\times10^5\ (\text{N/m})$$

弹性半径：$r_x=r_y=\sqrt{\dfrac{K_{E\theta}}{K_x}}=\sqrt{209}$ (m)

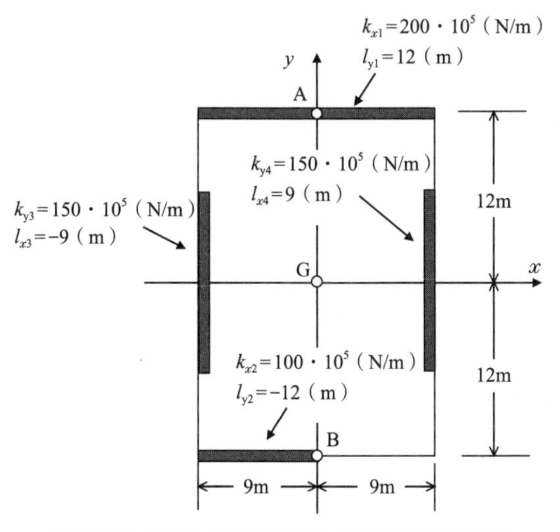

图 3.20 【例题 3.6】的模型（结构构件的布置）

因此，偏心率为：

$$R_x=\frac{e_x}{r_x}=0,\quad R_y=\frac{e_y}{r_y}=\frac{4}{\sqrt{209}}\approx0.277$$

如果是木造建筑物，y 方向的值虽然满足建筑标准法（0.3 以下），但是超过了二次设计的标准值（0.15）。

此外，回转半径通过公式（3.64）可得：

$$r_\theta=\sqrt{\frac{L_x{}^2+L_y{}^2}{12}}=5\sqrt{3}\approx8.66(\text{m})$$

将上述值代入公式（3.73）可求出 1 阶、2 阶振型的固有圆频率。

$$\omega_1\approx0.948\omega_x=16.42,$$
$$\omega_2\approx1.761\omega_x=30.50\ (\text{rad/s})$$

1 阶、2 阶振型对应的固有周期 $T_1\approx0.38$（s），$T_2\approx0.21$（s）。

顺便说一下，平移振动和扭转振动未耦合时的圆频率为 ω_x 和 ω_θ，根据公式（3.74）和公式（3.75）计算。

平移振动的固有圆频率：

$$\omega_x=\sqrt{\frac{K_x}{m}}=\sqrt{300}\approx17.32\ (\text{rad/s})$$

扭转振动的固有圆频率：

$$\omega_\theta=\omega_x\sqrt{\frac{r_x}{r_\theta}}\approx28.91\ (\text{rad/s})$$

平移振动和扭转振动未耦合时，固有周期 $T_x\approx0.36$（s），$T_\theta\approx0.22$（s）。T_1 靠近平移振动的固有周期，T_2 靠近扭转振动的固有周期。因此可以预测 1 阶振型为平移振型，2 阶振型为接近扭转振型的振动。

接下来，根据公式（3.77）计算出回转中心的位置。

$$Y_1=-\left(\frac{X}{\Theta}\right)_1=\frac{e_y}{1-\left(\dfrac{\omega_1}{\omega_x}\right)^2}\approx39.40\ (\text{m})$$

$$Y_2=-\left(\frac{X}{\Theta}\right)_2=\frac{e_y}{1-\left(\dfrac{\omega_2}{\omega_x}\right)^2}\approx-1.903\ (\text{m})$$

因此，根据公式（3.78）可得：

$$Y_1\cdot Y_2\approx-75.0\approx-r_\theta^2$$

图 3.21 显示了 1 阶、2 阶振型的回转中心和振型形状。1 阶振型（左）接近平移振型但包含

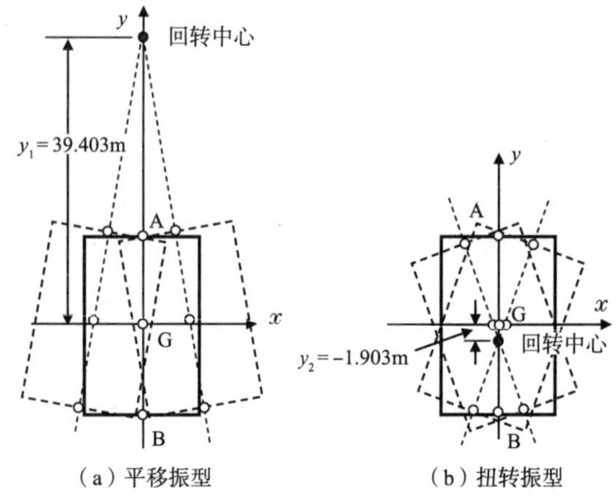

（a）平移振型　（b）扭转振型

图 3.21　1 阶振型（平移振型）和 2 阶振型（扭转振型）

一些扭转变形，2 阶振型（右）接近扭转振型，平移变形很少。

另一方面，将上述求出 r_θ 的固有振型标准化，其 x 方向的振幅为 1，通过 X_i 与 θ_i 的振幅比（Y_i）求出。

$$\{U\}_1=\begin{Bmatrix} X_1 \\ r_\theta\Theta_1 \end{Bmatrix}\approx\begin{Bmatrix} 1 \\ -0.22 \end{Bmatrix}$$

$$\{U\}_2=\begin{Bmatrix} X_2 \\ r_\theta\Theta_2 \end{Bmatrix}\approx\begin{Bmatrix} 1 \\ 4.55 \end{Bmatrix}$$

通过公式（3.76）可得振型的正交性：

$$\{U\}_1^{\mathrm{T}}[M]\{U\}_1=m\cdot\{U\}_1^{\mathrm{T}}\{U\}_1 \equiv M_1\approx 1.05\times10^5\ (\mathrm{kg})$$

$$\{U\}_2^{\mathrm{T}}[M]\{U\}_2=m\cdot\{U\}_2^{\mathrm{T}}\{U\}_2 \equiv M_2\approx 21.7\times10^5\ (\mathrm{kg})$$

$$\{U\}_1^{\mathrm{T}}[M]\{U\}_2=\{U\}_1^{\mathrm{T}}[M]\{U\}_2=0$$

$$\{U\}_1^{\mathrm{T}}[K]\{U\}_1\equiv K_1\approx 282.6\times10^5\ (\mathrm{N/m})$$

$$\{U\}_2^{\mathrm{T}}[K]\{U\}_2\equiv K_2\approx 20192\times10^5\ (\mathrm{N/m})$$

$$\{U\}_1^{\mathrm{T}}[K]\{U\}_2=\{U\}_1^{\mathrm{T}}[K]\{U\}_2=0$$

同时，也能求出广义质量和刚度。当然，通过广义质量・刚度计算的固有圆频率与之前求出的值的一致性需要验证。

最后，在给定初始条件的情况下求出自由振动解。公式（3.80）在 X=1cm 的初始条件模式下展开。

$$d_{01}=\frac{m}{M_1}\{U\}_1^{\mathrm{T}}\begin{Bmatrix} 1 \\ 0 \end{Bmatrix}=\frac{m}{M_1}\approx 0.95\ (\mathrm{cm})$$

$$d_{02}=\frac{m}{M_2}\{U\}_2^{\mathrm{T}}\begin{Bmatrix} 1 \\ 0 \end{Bmatrix}=\frac{m}{M_2}\approx 0.046\ (\mathrm{cm})$$

另一方面，因为初始速度为 0，公式（3.81b）中，$C_{0i}=d_{0i}$，$\phi_i=0$，因此，公式（3.81a）中，自由振动解如下所示：

$$\begin{Bmatrix} x \\ r_\theta\theta \end{Bmatrix}=0.95\cos(16.42t)\begin{Bmatrix} 1 \\ -0.22 \end{Bmatrix}+0.046\cos(30.50t)\begin{Bmatrix} 1 \\ 4.55 \end{Bmatrix}\ (\mathrm{cm})$$

右侧的第 1 项是 1 阶振型（平移振型）的贡献，第 2 项是 2 阶振型（扭转振型）的贡献。另外，图 3.20 中 y 轴上的 3 个点 A，G，B 的 x 方向分量通过下面公式给出：

$$x_{\mathrm{A}}=x+1200\theta=0.66\cos(16.42t)+0.34\cos(30.50t)(\mathrm{cm})$$

$$x_{\mathrm{G}}=x=0.95\cos(16.42t)+0.046\cos(30.50t)(\mathrm{cm})$$

$$x_{\mathrm{B}}=x-1200\theta=1.24\cos(16.42t)-0.24\cos(30.50t)(\mathrm{cm})$$

图 3.22 中 3 个点的振动中各振型的贡献分别如图所示。1 阶振型（平移振型）的贡献中，A、

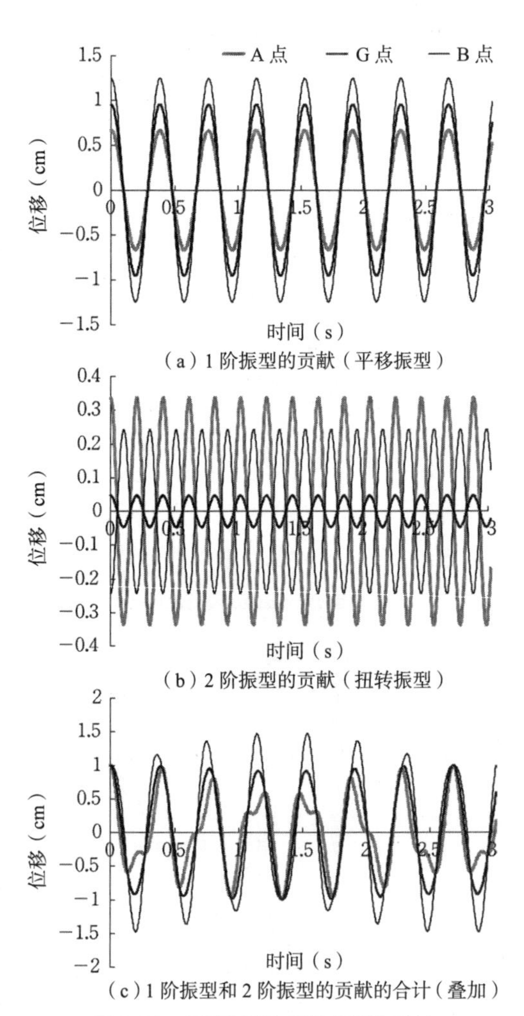

（a）1 阶振型的贡献（平移振型）

（b）2 阶振型的贡献（扭转振型）

（c）1 阶振型和 2 阶振型的贡献的合计（叠加）

图 3.22　平移振型和扭转振型的贡献

G、B 个三点是同相位振动，其中 B 点晃动最剧烈（参考图 3.21）。另一方面，在 2 阶模式（扭转振型）的贡献中，B 点和 A、G 点是逆相位晃动关系，特别是回转中心附近的 G 点振幅较小（参考图 3.21）。位移波形中，与 1 阶振型相比，2 阶振型的贡献引起的振幅较小，如图 3.22（c）所示，叠加后振型的振动主要由 1 阶振型控制。

3.3.3　考虑扭转的自由振动（阻尼自由振动）

a. 比例阻尼引起的自由振动

阻尼振动的公式与“3.1.3 多层建筑物的阻尼自由振动”完全一样。考虑扭转的自由振动运动方程，在公式（3.68）基础上增加了阻尼力项。

$$[M]\{\ddot{X}\}+[C]\{\dot{X}\}+[K]\{X\}=\{0\} \quad (3.82)$$

式中，$[C]$ 是阻尼矩阵。阻尼矩阵如果假定为瑞利型阻尼，则：

$$[C]=\gamma_M[M]+\gamma_K[K] \quad (3.83)$$

此阻尼矩阵是使用固有振型的以下关系式：

$$\{U\}_k^{\mathrm{T}}[C]\{U\}_j=\begin{cases} C_k & (k=j) \\ 0 & (k\neq j)\end{cases} \quad (3.84)$$

C_k 是第 k 阶的广义阻尼系数。

b. 固有振型叠加的自由振动解

采用固有振型对公式（3.82）中的 $[M]$、$[C]$、$[K]$ 进行对角化，并将单自由度系统的阻尼自由振动的运动方程进行展开。这里为了简单起见，假定 x 轴方向没有偏心（$e_x=0$），以单轴偏心的情况为研究对象。

$$\ddot{q}_i+2h_i\omega_i\dot{q}_i+\omega_i^2q_i=0 \qquad (i=1,2) \quad (3.85)$$

式中，$h_i=\dfrac{C_i}{2\omega_iM_i}$，　$\omega_i=\sqrt{\dfrac{K_i}{M_i}}$

h_i 是第 i 阶振型的阻尼常数。公式（3.85）是与振幅系数 q_i 相关的单自由度系统的阻尼自由振动的运动方程。

接下来以公式（3.79）和公式（3.80）作为初始条件，通过固有振型的叠加求出自由振动解。

$$\{X\}=\sum_{i=1}^{2}\left[d_{0i}\cos(\sqrt{1-h_i^2}\omega_it)+\frac{v_{0i}+h_i\omega_id_{0i}}{\sqrt{1-h_i^2}\omega_i}\sin(\sqrt{1-h_i^2}\omega_it)\right]\exp(-h_i\omega_it)\{U\}_i \quad (3.86)$$

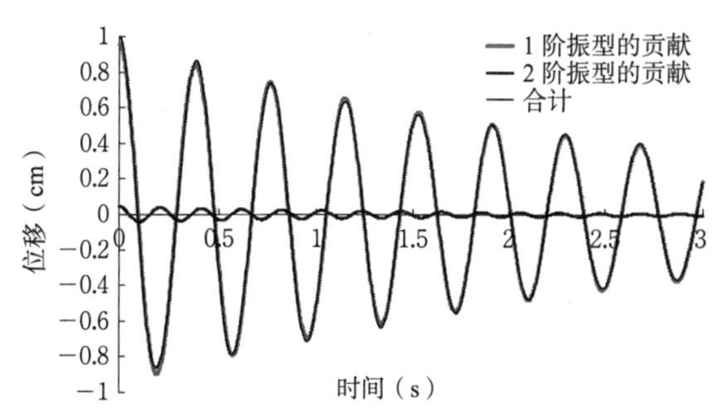

图 3.23　图 3.20 中 G 点的 x 方向振动

（1 阶振型和 2 阶振型的贡献及叠加）

扭转振动的建筑物，与多层建筑物一样，通常阻尼常数 h_i 较小，有阻尼的固有周期与无阻尼的固有周期大小基本相同。

【例题 3.7】【例题 3.6】中使用的建筑物 1 阶，2 阶振型的阻尼常数都设为 2%，假定初始条件 x 方向位移 1cm，扭转角为 0°，求此时的自由振动解。

［解］ 自由振动解由公式（3.86）求出，但由于 sin 项与 cos 项相比振幅比较小，所以忽略不计，ω 由例题 3.6 给出。

$$\begin{Bmatrix} x \\ r_\theta\theta \end{Bmatrix}=0.95\cos(16.42t)\begin{Bmatrix} 1 \\ -0.220 \end{Bmatrix}\exp(-0.33t)+0.046\cos(30.50t)\begin{Bmatrix} 1 \\ 4.55 \end{Bmatrix}\exp(-0.61t)(\mathrm{cm})$$

图 3.23 中显示了图 3.20 中 G 点的 x 方向振动。2 阶振型（扭转振型）的振幅较小，1 阶振型（平移振型）占主导地位。

3.3.4　考虑扭转的建筑物因受迫振动所引起的稳态响应解

考虑扭转作用的建筑物因受迫振动所引起的稳态响应解的公式推导与多层建筑物完全相同。外力的矢量用 $\{f\}$ 表示的话，考虑扭转的建筑物运动方程为在自由振动的运动方程（3.82）基础上增加外力项，用下式表示：

$$[M]\{\ddot{X}\}+[C]\{\dot{X}\}+[K]\{X\}=\{f\} \quad (3.87)$$

接下来将 x 轴方向地面运动的简谐激振假定为外力，地面运动加速度 $\ddot{x}_0$ 为：

$$x_0=a_0\sin(\bar{\omega}t),\quad \therefore\ \ddot{x}_0=-\bar{\omega}^2a_0\sin(\bar{\omega}t) \quad (3.88)$$

作为地面运动加速度所引起的外力，惯性力

（即 $-m\ddot{x}_0$）作用于建筑物 x 轴方向的反方向上。为了简化问题，以 x 轴方向无偏心（$e_x=0$）的单轴偏心情况为研究对象，运动方程表达如下式：

$$[M]\{\ddot{X}\}+[C]\{\dot{X}\}+[K]\{X\}$$
$$=m\begin{Bmatrix}1\\0\end{Bmatrix}\bar{\omega}^2a_0\sin(\bar{\omega}t) \quad (3.89)$$

将运动方程中的 $[M]$、$[C]$、$[K]$ 采用固有振型进行对角化，并将单自由度系统的阻尼自由振动的运动方程进行展开，可得：

$$\ddot{q}_i+2h_i\omega_i\dot{q}_i+\omega_i{}^2q_i=\beta_i\bar{\omega}^2a_0\sin(\bar{\omega}t)$$
$$(i=1,2) \quad (3.90)$$

式中，

$$\beta_i=\frac{\{A\}_i^{\mathrm{T}}m\begin{Bmatrix}1\\0\end{Bmatrix}}{M_i}=\frac{m\{X_i,\ r_\theta\Theta_i\}\begin{Bmatrix}1\\0\end{Bmatrix}}{M_i}=\frac{X_im}{M_i} \quad (3.91)$$

公式（3.90）的解通过以下公式从固有振型的叠加中得出：

$$\{X\}=\sum_{i=1}^{2}q_i\beta_i\{U\}_i \quad (3.92)$$

β_i 为参与系数，$\beta_i\{U\}_i$ 为参与矢量。1 阶，2 阶的参与矢量是满足下式的确定值。

$$\beta_1\{U\}_1+\beta_2\{U\}_2=\begin{Bmatrix}1\\0\end{Bmatrix} \quad (3.93)$$

另一方面，公式（3.92）中的 q_i 是因简谐地面运动引起的单层建筑物的稳态响应解，并由下式给出：

$$q_i=\frac{\bar{\omega}^2}{\sqrt{(\omega_i^2-\bar{\omega}^2)^2+(2h_i\omega_i\bar{\omega})^2}}\cdot a_0\sin(\bar{\omega}t+\phi_i) \quad (3.94)$$

$$\phi_i=\tan^{-1}\left(\frac{-2h_i\omega_i\bar{\omega}}{\omega_i^2-\bar{\omega}^2}\right)(i=1,2) \quad (3.95)$$

【例题 3.8】采用【例题 3.6】所求的固有振型，求出参与系数和参与矢量。另外，同一建筑物的 1 阶、2 阶振型的阻尼常数都设为 5%，振幅 1cm 的地面运动激振形成的 1 阶、2 阶振型共振时求其振动解。

［解］参与系数通过【例题 3.6】所求出的固有振型和广义质量代入公式（3.91）求出。

$$\beta_1=\frac{X_1m}{M_1}=\frac{1}{1.048}\approx 0.95$$

$$\beta_2=\frac{X_2m}{M_2}=\frac{1}{21.70}\approx 0.046$$

同理，参与矢量为：

$$\beta_1\{U\}_1=\begin{Bmatrix}0.95\\-0.21\end{Bmatrix},\qquad \beta_2\{U\}_2=\begin{Bmatrix}0.046\\0.21\end{Bmatrix}$$

公式（3.93）的关系表达式适用于两者的和。

公式（3.92）中稳态响应解为：

$$\begin{Bmatrix}x\\r_\theta\theta\end{Bmatrix}=q_1\begin{Bmatrix}0.95\\-0.21\end{Bmatrix}+q_2\begin{Bmatrix}0.046\\0.21\end{Bmatrix}$$

振幅系数 q_1、q_2 为：

$$q_1=\frac{\bar{\omega}^2}{\sqrt{(16.42^2-\bar{\omega}^2)^2+0.01\left(\frac{\bar{\omega}}{16.42}\right)^2}}\cdot\sin(\bar{\omega}t+\phi_1)$$

$$q_2=\frac{\left(\frac{\bar{\omega}}{30.50}\right)^2}{\sqrt{\left[1-\left(\frac{\bar{\omega}}{30.50}\right)^2\right]^2+0.01\left(\frac{\bar{\omega}}{30.50}\right)^2}}\cdot\sin(\bar{\omega}t+\phi_2)$$

式中，

$$\phi_1=\tan^{-1}\left[\frac{-0.1\left(\frac{\bar{\omega}}{16.42}\right)}{1-\left(\frac{\bar{\omega}}{16.42}\right)^2}\right]$$

$$\phi_2=\tan^{-1}\left[\frac{-0.1\left(\frac{\bar{\omega}}{30.50}\right)}{1-\left(\frac{\bar{\omega}}{30.50}\right)^2}\right]$$

接下来求共振时（$\bar{\omega}=\omega_i$）的振动解。1 阶振型的共振点处，采用 $\pi/2$ 作为 θ_1 的值，其他值都是通过上述公式得出，振动解详见下面公式。

$$\begin{Bmatrix}x\\r_\theta\theta\end{Bmatrix}=\begin{Bmatrix}0.95\\-0.21\end{Bmatrix}\times 10\sin\left(16.42t+\frac{\pi}{2}\right)$$
$$+\begin{Bmatrix}0.046\\0.21\end{Bmatrix}\times 0.41\sin(16.42t-0.076)\,(\mathrm{cm})$$

同理，2 阶振型的共振点处 $\bar{\omega}=\omega_2\approx 24.50$，振动解为：

$$\begin{Bmatrix}x\\r_\theta\theta\end{Bmatrix}=\begin{Bmatrix}0.95\\-0.21\end{Bmatrix}\times 1.40\sin(30.50t+0.076)$$
$$+\begin{Bmatrix}0.046\\0.21\end{Bmatrix}\times 10\sin\left(30.50t+\frac{\pi}{2}\right)(\mathrm{cm})$$

图 3.24 中 A，G，B 点的振动在 x 方向的分量如下所示。

1 阶振型输入：

$$x_A = x + 1200\theta = 6.63\sin\left(16.42t + \frac{\pi}{2}\right) + 0.14\sin(16.42t - 0.076)(\text{cm})$$

$$x_G = x = 9.54\sin\left(16.42t + \frac{\pi}{2}\right) + 0.019\sin(16.42t - 0.076)(\text{cm})$$

$$x_B = x - 1200\theta = 12.54\sin\left(16.42t + \frac{\pi}{2}\right) - 0.10\sin(16.42t - 0.076)(\text{cm})$$

2 阶振型输入：

$$x_A = x + 1200\theta = 0.93\sin(30.50t + 0.076) + 3.37\sin\left(30.50t + \frac{\pi}{2}\right)(\text{cm})$$

$$x_G = 1.34\sin(30.50t + 0.076) + 0.46\sin\left(30.50t + \frac{\pi}{2}\right)(\text{cm})$$

$$x_B = x - 1200\theta = 1.75\sin(30.50t + 0.076) - 2.45\sin\left(30.50t + \frac{\pi}{2}\right)(\text{cm})$$

图 3.24 显示了（a）1 阶振型激振和（b）2 阶振型激振时 A、G、B 点的稳态振动。

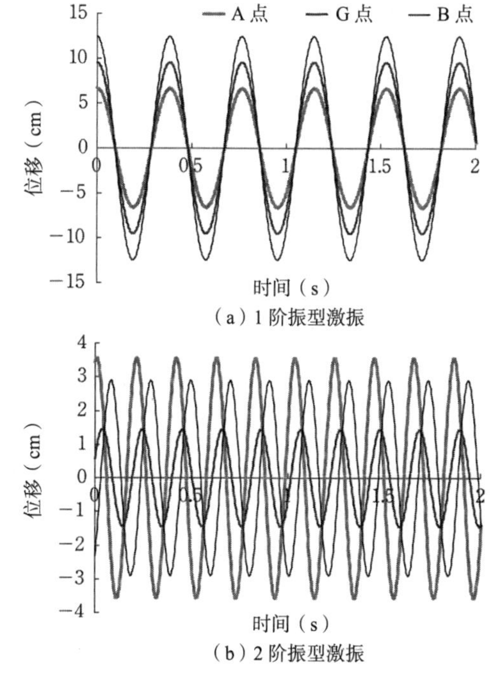

图 3.24 1 阶振型及 2 阶振型激振时 A、G、B 点的稳态振动

3.4 习题

【习题 3.1】假定双层建筑物模型第一层、第二层的质量为【例题 3.1】中的 4 倍，计算 1 阶、2 阶振型的固有周期并与原来的固有周期进行比较。同样，假定第一层、第二层的刚度为【例题 3.1】中的 4 倍，计算 1 阶、2 阶的固有周期并与原来的固有周期进行比较。最后，采用附录 2 的“2.2 双层建筑物的振动解析程序”对结果进行验证。

【习题 3.2】【例题 3.2】中使用的双层建筑模型的初始条件为初始速度为 0，求出赋予初始位移第一层 1cm，第二层 2cm 时的自由振动解，假定此时振动只由 1 阶振型控制。同样，初始速度为 0 作为其初始条件，求出赋予初始位移第一层 1cm，第二层 –0.5cm 时的自由振动解，此时振动只由 2 阶振型贡献。使用附录 2 的“2.2 双层建筑物的振动解析程序”对结果进行验证。

【习题 3.3】在【例题 3.2】、【例题 3.3】中，当 1 阶振型的阻尼常数为 0，2 阶振型的阻尼常数为 2% 时，求自由振动解，此时，经过一段时间后，证明振动只由 1 阶振型贡献。同样，求出 1 阶振型的阻尼常数为 2%，2 阶振型的阻尼常数为 0 时的自由振动解，届时，经过一段时间后，证明振动只由 2 阶振型贡献。使用附录 2 的“2.2 双层建筑物的振动解析程序”对结果进行验证。

【习题 3.4】【例题 3.4】中所使用的双层建筑物模型和地面运动激振 [sin 位移波，振幅 1cm，周期在 1 阶振型共振时为 0.62（s），在 2 阶振型共振时为 0.26（s）]，使用附录 2 的“2.2 双层建筑物的振动解析程序”验证与【例题 3.4】得到相同的结果。此时，解析的持续时间为 20 秒左右，使用程序进一步研究振动开始几秒以后的响应，看它是否可以视为稳态振动解。另外，改变地面运动激振的周期并研究此时第一层，第二层响应的最大值，与 1 阶，2 阶振型在共振时的最大值相比，验证共振时的响应值最大。

【习题 3.5】假定与【例题 3.6】所使用的建

筑模型具有相同质量和墙体刚度，并将所有的墙体布置在距重心一半的距离处（即 $l_{xi} \rightarrow l_{xi}/2$，$l_{yi} \rightarrow l_{yi}/2$），求此时的固有周期，固有振型，广义质量，广义刚度以及回转中心。特别是验证 1 阶振型为扭转振型，2 阶振型为平移振型。

【习题 3.6】应用【例题 3.7】所使用的建筑模型和初始条件（位移 1cm，角度为 0），使 1 阶振型中的阻尼常数为 0，2 阶振型的阻尼常数为 2%，求自由振动解，此时，经过一段时间后，确定振动只由 1 阶振型（平移振型）控制。同样，求出 1 阶振型的阻尼常数为 2%，2 阶振型的阻尼常数为 0 时的自由振动解，届时，经过一段时间后，确定振动只由 2 阶振型（扭转振型）控制。

参 考 文 献

1) 柴田明徳：最新耐震構造解析，森北出版（1981）
2) 田治見宏：建築振動学，コロナ社（1965）

第 4 章　地震反应分析

4.1　引言

前面章节描述了振动的基本理论，单自由度系统弹性模型的振动其 2 次常微分方程可表达为：

$$\ddot{x}+2h\omega\dot{x}+\omega^2x=-\ddot{x}_0 \tag{4.1}$$

在给定初始速度和初始位移引起自由振动的情况下，已知作为干扰的冲击力或大小一定的力以及给出各种简谐波时，上述微分方程（4.1）的解可以表示对振动的解析，可以比较容易地研究各种参数的变化对振动的影响。然而，由于在建筑物结构解析中必须考虑强风和地震作用，其强度随时间呈不规则变动的干扰，因此难以表达求解算式，要依靠数值积分。实际建筑物在经受较强的外力作用时，可能在任意部位引起塑性变形，一般来说其数值计算是复杂的。本章中仅限于弹性变形的结构模型，对研究地震响应性状的基本数值计算方法进行概述。

4.2　弹性单自由度系统的响应分析

4.2.1　Duhamel 积分法

假设任意加速度扰动 $\ddot{x}_0(t)$ 为图 4.1 中的实线。从任意时间 $t=\tau$ 到 $t=\tau+\Delta\tau$ 的微小时间内的加速度近似恒定，近似值 $\ddot{x}_0(\tau)$、$\ddot{x}_0\left(\tau+\dfrac{\Delta\tau}{2}\right)$、$\ddot{x}_0(\tau+\Delta\tau)$，只要时间步长 $\Delta\tau$ 足够小，结果就不会受到影响，因此这里表示为 $\ddot{x}_0(\tau)$。微小时间内的干扰在图中矩形（也称方形）上近似，并且其面积 $\ddot{x}_0(\tau)\Delta\tau$ 与微小时间 $\Delta\tau$ 内的速度变化相当，其在图中以箭头表示，称为**脉冲**（冲击，impulse）。

首先，当初始条件 $t=0$，$x=0$，$\dot{x}=v_0$ 时，阻尼单自由度系统建筑物的响应为：

$$x(t)=\frac{v_0}{\sqrt{1-h^2}\,\omega}\,\mathrm{e}^{-h\omega t}\sin\sqrt{1-h^2}\,\omega t \tag{4.2}$$

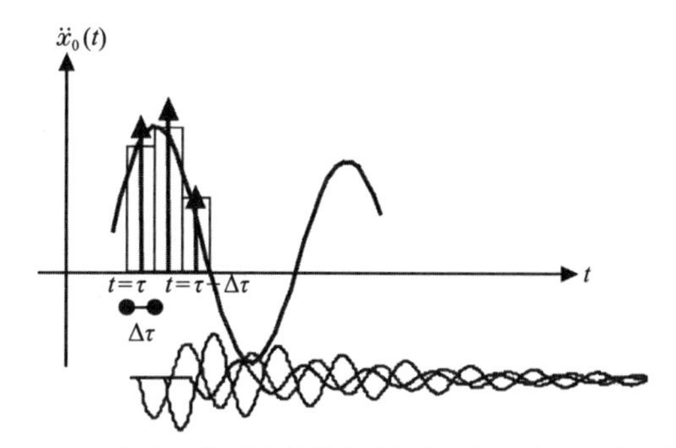

图 4.1　任意不规则波的微小时间分量的脉冲分解（上）和响应（下）

$t=\tau$ 时，$v_0=\ddot{x}_0(\tau)\Delta\tau=1.0$ 的单位脉冲（unit impulse）作用相对应的响应（脉冲响应函数）为公式（4.3）。

$$I(t-\tau)=\frac{1}{\sqrt{1-h^2}\,\omega}\mathrm{e}^{-h\omega(t-\tau)}\sin\left(\sqrt{1-h^2}\right)\omega(t-\tau) \tag{4.3}$$

公式（4.3）中 $t-\tau$ 表示在 $t=\tau$ 中对脉冲起作用后的响应。线性力学中力的叠加原理成立，因此干扰 $\ddot{x}_0(t)$ 连续作用时的位移，在图 4.1 的时间轴上划分的每个微小时间，作用在上面的脉冲相对应的响应的总和，是由公式（4.4）或对公式（4.5）积分给出的。

$$x(t)=\frac{1}{\sqrt{1-h^2}\,\omega}\sum_{n=1}^{n}\ddot{x}_0(\tau_i)\,\mathrm{e}^{-h\omega(t-\tau_i)}\times\sin\sqrt{1-h^2}\,\omega(t-\tau_i)\,\Delta\tau_i \tag{4.4}$$

$$x(t)=\frac{1}{\sqrt{1-h^2}\,\omega}\int_0^t\ddot{x}_0(\tau)\,\mathrm{e}^{-h\omega(t-\tau)}\times\sin\sqrt{1-h^2}\,\omega(t-\tau)\,\mathrm{d}\tau \tag{4.5}$$

公式（4.5）称为 **Duhamel 积分**（Duhamel's integration）。

公式（4.4）得出的近似算例记录如下。

对于固有频率 $\omega=4\pi$（$T=0.5$（s）），阻尼常数 $h=0.05$ 的单自由度系统模型，求出图 4.2 中显示加速度 $\ddot{x}_0(t)=1.0$（$\mathrm{m/s^2}$）（$0\leqslant t\leqslant 1$）连续作

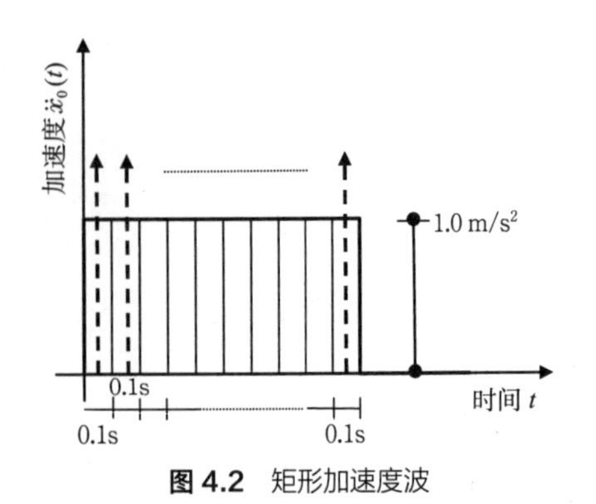

图 4.2 矩形加速度波

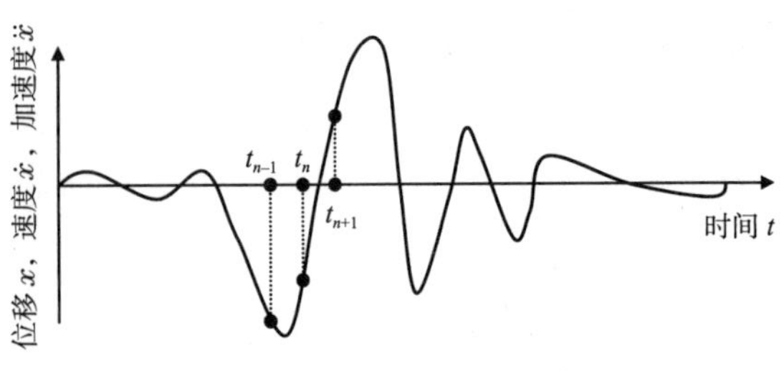

图 4.4 任意不规则响应的时程

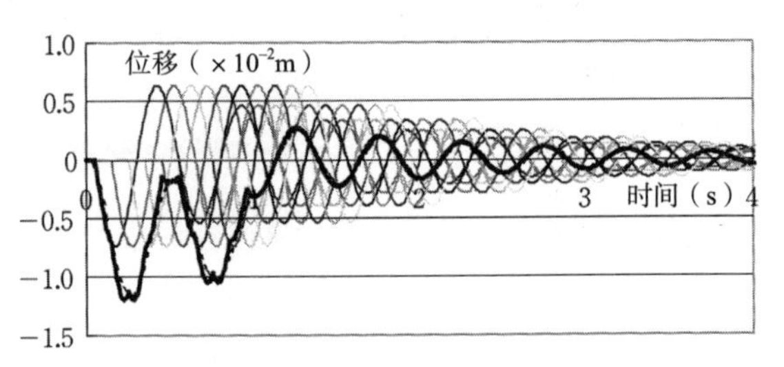

图 4.3 矩形波作用对应的位移响应时程

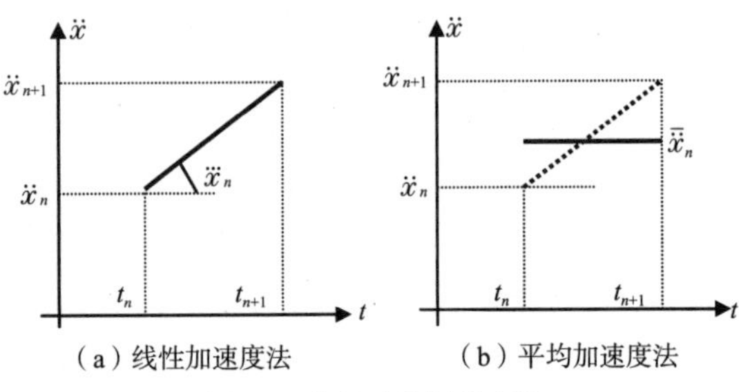

（a）线性加速度法　（b）平均加速度法

图 4.5 加速度的近似方法

用时的位移响应时程。

0s 到 1s 之间的矩形波以 0.1s 的间隔进行分段，每个区间中间时刻为脉冲 $\ddot{x}_0(\tau)\Delta\tau=0.1(\mathrm{m/s})$ 作用，分别求出各个脉冲对应的响应，然后叠加在一起即可。此例中，如图 4.3 中的细线组所示，每个脉冲对应的响应都具有相同的形状，只是每个向右移动 0.1s 而已。沿着这些粗实线绘制的粗虚线是利用下一节中所述的直接积分法求解的精确解。事实证明，Duhamel 积分得出的近似解是一个很好的解决方案。为了通过这种方法获得更好的解，有必要对干扰进行细分，并且需要大量的计算，因此现在一般不使用。

此例中 $T=0.5$s，如果质量 m 为 1.0t，则刚度 $k=157.9$kN/m 。在有加速度干扰作用的时间区域内，$f=-m\ddot{x}_0=-1.0$kN 大小的惯性力作用于质点，以静力合力位置 −0.633cm 为中心，实施 $h=5\%$ 的阻尼振动。$t=1.0$s 时结束干扰作用，平衡位置移动到原点，此后的振动变为以原点为中心的 $h=5\%$ 的阻尼振动。

4.2.2 直接积分法

假设每个微小时段内不规则变动的干扰值都是已知的，例如，将过去发生的地震加速度记录作为干扰，与其对应的建筑物模型的不规则响应情况等效。响应计算从 $t=0$ 开始按照每个微小时间间隔逐步进行。下面的数值计算法的公式是基于已知第 n 个时刻 $t=t_n$ 的响应，通过预测下一时刻 $t=t_{n+1}$ 的响应整理出来。图 4.4 中记录了从响应的任意波形中通过微小间隔选择的连续步骤 $n-1$，n，$n+1$ 所对应的时刻。

公式（4.1）的运动方程中，时间 $t=t_{n+1}$ 时的振动平衡方程表示如下：

$$\ddot{x}_{n+1}+2h\omega\dot{x}_{n+1}+\omega^2x_{n+1}=-\ddot{x}_{0,n+1} \tag{4.6}$$

使用附录中表述的泰勒展开式，公式（4.6）中的速度 $\dot{x}_{n+1}$，位移 x_{n+1} 在 $t=t_n$ 的响应值 x_n，$\dot{x}_n$，$\ddot{x}_n$ 可近似表示如下：

$$\dot{x}_{n+1}\approx\dot{x}_n+\ddot{x}_n\Delta t+\frac{1}{2}\dddot{x}_n\Delta t^2 \tag{4.7}$$

$$x_{n+1}\approx x_n+\dot{x}_n\Delta t+\frac{1}{2}\ddot{x}_n\Delta t^2+\frac{1}{6}\dddot{x}_n\Delta t^3 \tag{4.8}$$

公式（4.7）、公式（4.8）包含第 n 步 x 的三阶导数（加加速度）项 $\dddot{x}_n$，其二阶导数（加速度）的近似方法如图 4.5 所示，分别对这 2 种方法进行介绍。（a）情况下，假设加速度在微小时间内线性变化，可近似表示为：

$$\ddot{x}_n=\frac{\ddot{x}_{n+1}-\ddot{x}_n}{\Delta t} \quad (4.9)$$

称为**线性加速度法**（linear acceleration method）；（b）情况下，假定微小时间内的加速度平均值为一定值，可近似表示为：

$$\bar{\ddot{x}}_n=\frac{\ddot{x}_{n+1}+\ddot{x}_n}{2} \quad (4.10)$$

用$\ddot{x}_n$终止公式（4.8）的展开，并将$\ddot{x}_n$转换为$\bar{\ddot{x}}_n$，称为**平均加速度法**（average acceleration method）。将这些关系代入公式（4.6），关于未知量$t=t_{n+1}$时的加速度$\ddot{x}_{n+1}$如果能得出解的话，这两种近似方法的共同形式如下：

$$\ddot{x}_{n+1}=-\frac{\ddot{x}_{0,n+1}+2h\omega\left(\dot{x}_n+\frac{1}{2}\ddot{x}_n\Delta t\right)+\omega^2\left[x_n+\dot{x}_n\Delta t+\left(\frac{1}{2}-\beta\right)\ddot{x}_n\Delta t^2\right]}{1+h\omega\Delta t+\beta\omega^2\Delta t^2} \quad (4.11)$$

通过上式，可以进一步获得$\dot{x}_{n+1}$，x_{n+1}为：

$$\dot{x}_{n+1}=\dot{x}_n+\frac{1}{2}(\ddot{x}_n+\ddot{x}_{n+1})\Delta t \quad (4.12)$$

$$x_{n+1}=x_n+\dot{x}_n\Delta t+\left(\frac{1}{2}-\beta\right)\ddot{x}_n\Delta t^2+\beta\ddot{x}_{n+1}\Delta t^2 \quad (4.13)$$

公式（4.11）、公式（4.13）中的β，在线性加速度法中$\beta=1/6$，在平均加速度法中$\beta=1/4$。

像这种微分方程（4.1）的解由直接积分求出，称为**直接积分法**（direct integration method）。

a. 阶跃扰动的响应计算

与前一节示例中的振动处理方式相同，模型的固有周期为0.5s，通过将积分增量时间 Δt 变为原来的1/10、2/10，……来检验计算结果的精度。图4.6显示了平均加速度法的计算结果，图4.7显示了线性加速度法的计算结果。虽然因为公式不同而导致计算结果的趋势略有不同，但是在任何情况下，当时间步长较大时，其结果的误差会变大，随着时间步长越来越小，就会逐渐收敛到精确解。对直接积分法解的精度已有大量的相关研究，并且由于积分方法的不同及结构模型的特性差异，人们又提出了关于恰当选择增量时间 Δt 的指导原则。但这些指导原则并不是绝对的，有必要根据每个问题响应特性的要求精度，在结合经验的基础上事先进行充分的检查。

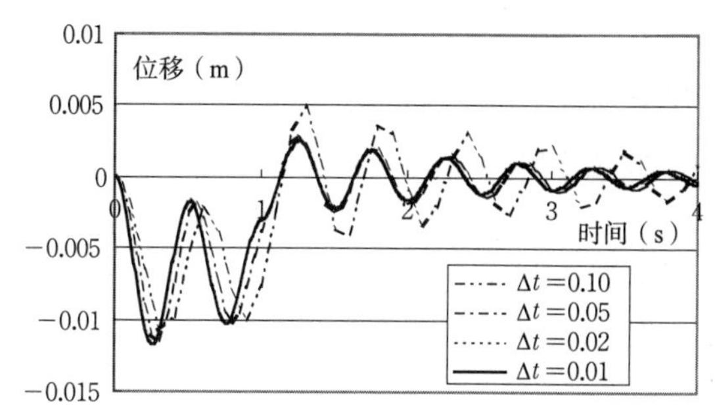

图4.6 平均加速度法数值积分的时步和精度

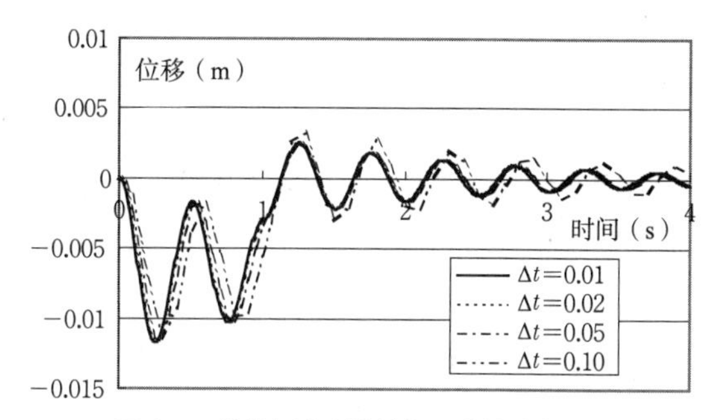

图4.7 线性加速度法数值积分的时步和精度

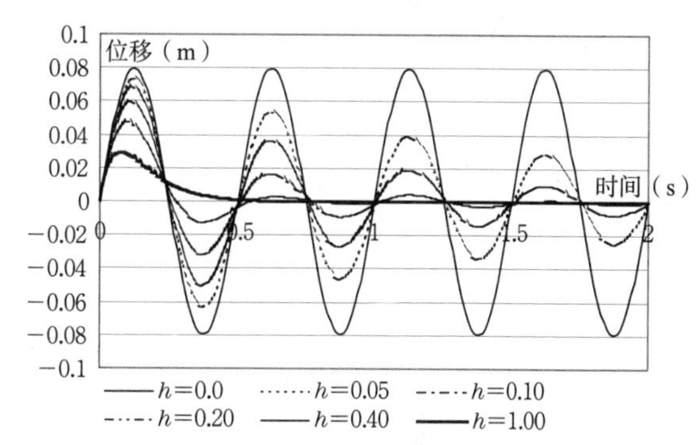

图4.8 脉冲响应和阻尼（t=0时单位脉冲1.0m/s作用）

b. 脉冲的响应计算

在“4.2.1 Duhamel积分法”中，单位脉冲响应为：

$$I(t-\tau)=\frac{1}{\sqrt{1-h^2}\,\omega}e^{-h\omega(t-\tau)}\times\sin\sqrt{1-h^2}\,\omega(t-\tau) \quad \cdots \quad (4.3)$$

在此，$\omega=2\pi$内通过使用线性加速度法对各种阻尼常数值所引起的脉冲响应进行计算，其响应差异的比较结果如图4.8所示。阻尼常数越大，相同的脉冲作用所对应的最大响应就越小，并且振动结束的时间变短。$h\geqslant1.0$时，一旦在正侧或者负侧发生移动后，不会向另外一侧移动，而是停止振动致使运动结束。h=1.0 时的阻尼称为**临界阻尼**（critical damping）。

c. 记录地震动的响应

图 4.9 是 1940 年美国加利福尼亚州 Imperial 河谷发生地震时，相关 El Centro 的实际加速度记录中的 NS 分量波形。作为收录强震数据相对早期的记录，经常用于许多建筑物的抗震性能研究中，是最具代表性的地震动记录。

周期为 1.0s 的单质点系统模型，改变其阻尼常数，计算结果中的位移时程如图 4.10（a）所示，一般建筑物的阻尼常数在 1% ~ 5% 左右，特别是在增加阻尼性能的装置中，设置**减震器**（damper）可以将阻尼系数提高到 10% ~ 15%，位移响应可能会降低到 1 / 2 左右。

在使用计算机计算地震响应的过程中，不仅计算位移，还计算速度和加速度，其时程如图 4.10（b）、（c）所示。与前一节中的脉冲响应一样，可以看出通过增加阻尼常数以提高阻尼的效果，可以控制任何响应的最大值。由于模型为线弹性，因此加速度乘以质量的力和弹簧变形的力大致呈比例关系，两者的波形非常相似。公式（4.1）中的响应加速度 $\ddot{x}$ 和地震加速度 $\ddot{x}_0$ 叠加的和为模型质点所产生的绝对加速度，并且在下文中如果没有另外说明，绝对加速度响应就简称为加速度响应。模型质点处产生的惯性力相对应的地震力由阻尼力和弹簧恢复力的和组成，下面将详细讨论地震力和位移的关系。

加速度响应乘以质点质量得到的正是地震时模型上产生的力。如图 4.10（a）中，阻尼常数不同的三个模型，不论哪个在 5s 附近的位移都是最大的。从 2s 到 6s 之间将其产生的力和位移之间的关系按阻尼常数来描绘，如图 4.11（a）~（c）所示，这些力和位移的关系在沿顺时针方向移动时绘制轨迹，一圈运动后所围住的面积相当于期

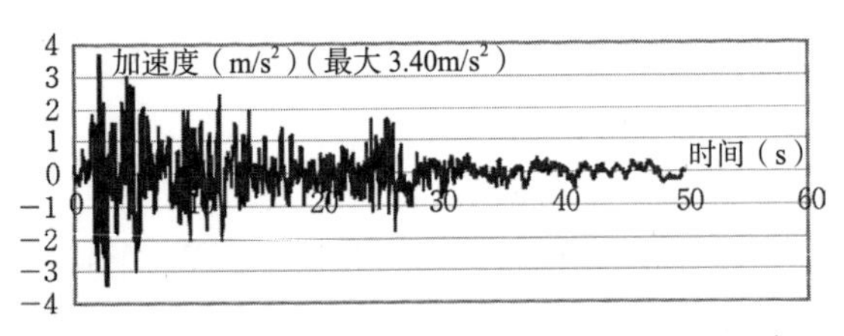

图 4.9 实际地震动的加速度记录（El Centro N-S）

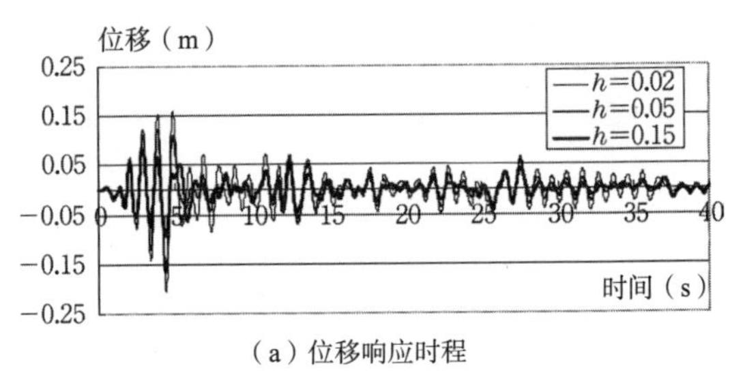

（a）位移响应时程

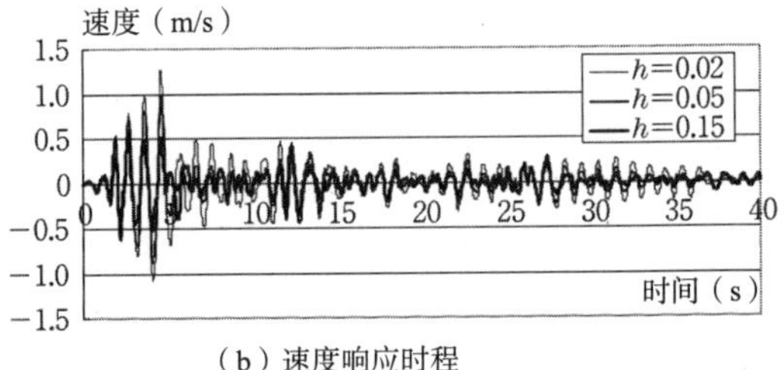

（b）速度响应时程

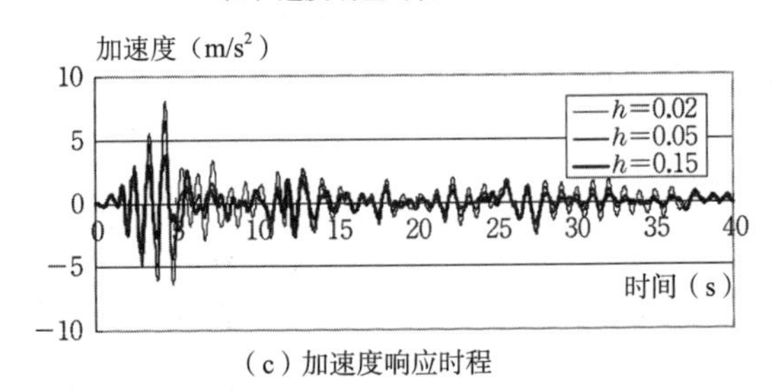

（c）加速度响应时程

图 4.10 不同阻尼常数的各种响应时程

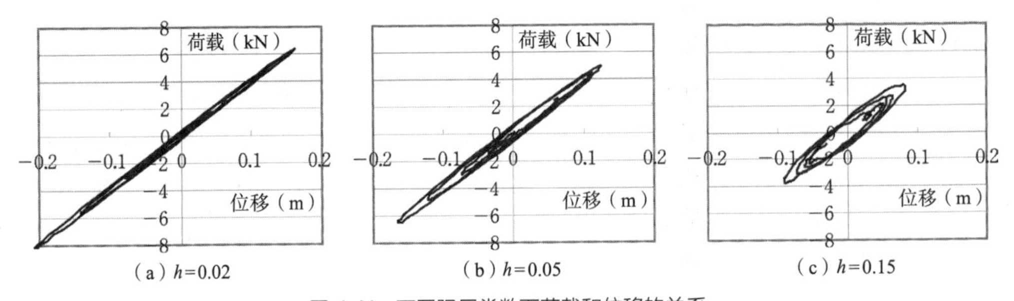

（a）h=0.02 （b）h=0.05 （c）h=0.15

图 4.11 不同阻尼常数下荷载和位移的关系

间在模型内吸收的能量。如稍后所详细描述的，由于地震动和建筑物模型在该计算中具有相同的质量或者周期特性，因此可以认为每个时刻输入到模型的地震能量基本相等，而与阻尼常数的大小无关。另一方面，阻尼常数越大，荷载与位移关系的膨胀就越大，所以可以理解为小的变形足以吸收同样的能量。

4.3 地震反应谱

4.3.1 地震动谱

一般来说，对于特定物理量的连续性变化状态，与其一一对应的另一物理量变化状态图示称为**频谱**（spectrum）。例如，光被认为是包含各种波长分量的波，但是当它们穿过棱镜时的反射、折射特性对于每个波长是不同的。众所周知，通过棱镜的光因波长的不同而被分离，在屏幕上将对应于各自波长的色带被投影为连续变化（色谱）。

即使是在不规则变化的地震动中也可以考虑以下频谱，例如，图 4.12（a）中看起来不规则的波形（这里无量纲表示）实际上由图 4.12（b）中各种正弦波的和所表示。同样的关系，图 4.9 所示的实际地震动记录随着时间呈现极不规则的变动，但是也可以通过叠加极大数量的正弦波表示为周期函数的总和。由于每个叠加的正弦波其对应的周期分量的振幅不同，因此对应于频率的连续振幅变化称为**傅里叶（振幅）谱**（Fourier spectrum）。图 4.9 所示的记录中，其傅里叶谱如图 4.13 所示。这种情况下，在相对较宽的频率范围内包含显著的振幅分量，特别可以看出在约 2 ~ 6Hz 之间占优势。这个频谱只反映了地震动特性，反映地震动特性和建筑物特性这两者的地震反应谱在下节介绍。

4.3.2 地震反应谱

“4.2 弹性单自由度系统的响应分析”中表明，可以很容易地利用单质点系统模型对各种不规则扰动进行响应计算。计算结果可以显示为位移、速度、加速度的时程，并且还可以通过将其绘制为力和位移关系，在视觉上确认模型中的能量是如何被吸收的。然而，结构物抗震设计最重要的基本量是每个响应的最大值，了解它们如何受地震动的差异和建筑物的周期 / 阻尼常数的影响，对此有个前提的理解是很重要的。

共振是处理振动理论的基础现象之一，由质量和弹簧组成的质点模型具有固有周期，当扰动是简谐波且两者的周期接近时，质点产生很大晃动的现象之前已经做过说明。如前所述，即使是变化极其复杂的地震动也是大量谐波的总和，所以质点模型将受到这些分量中最相近频率的影响。由于地震动引起质点模型的最大应响应也受阻尼的影响，因此共振曲线受到峰值附近阻尼的强烈

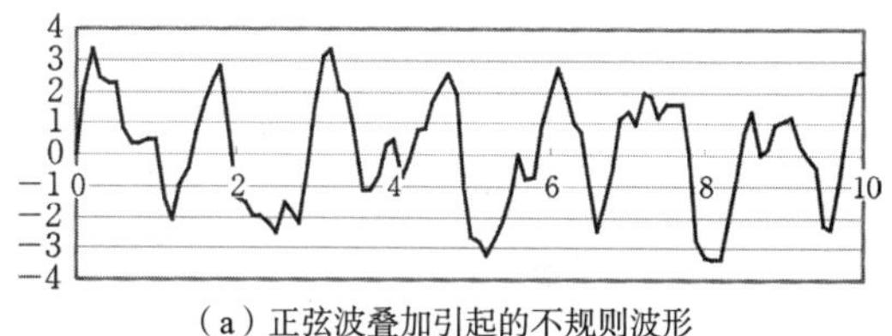

（a）正弦波叠加引起的不规则波形

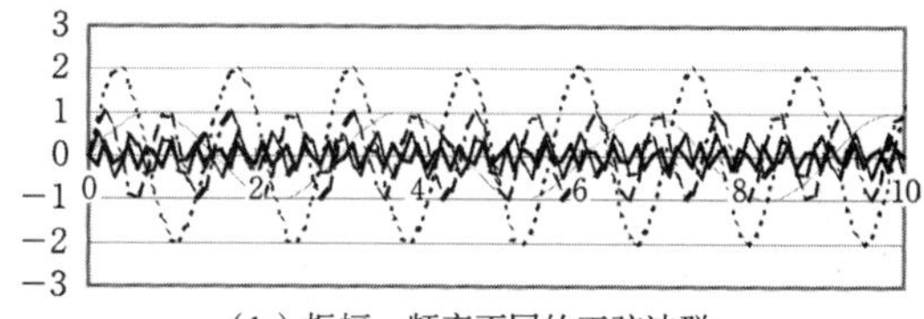

（b）振幅、频率不同的正弦波群

图 4.12 傅里叶谱的概念

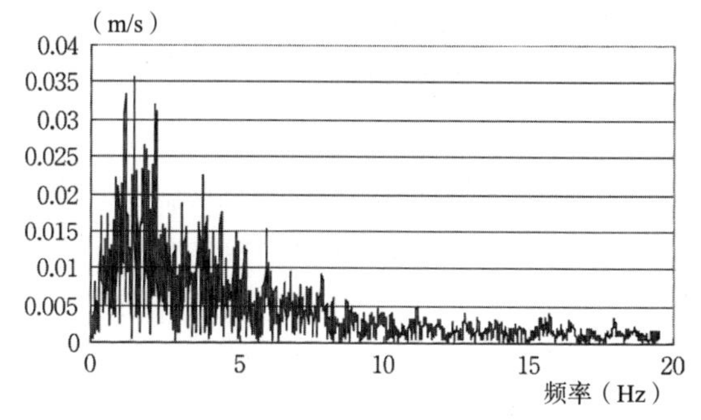

图 4.13 地震动的傅里叶（振幅）谱（El Centro N-S）

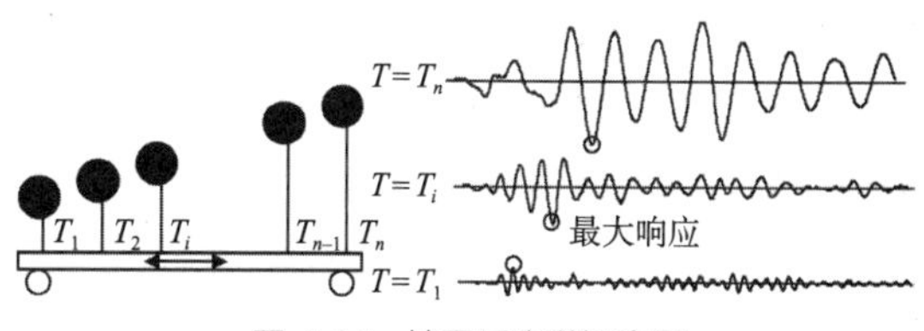

图 4.14 地震反应谱概念图

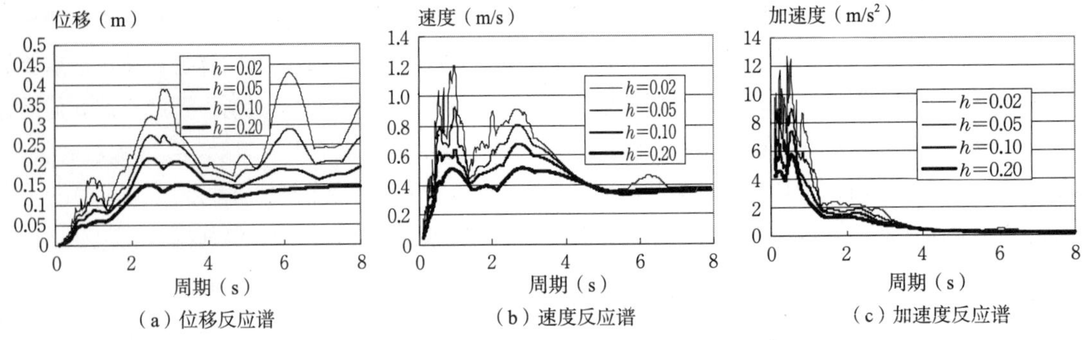

图 4.15 El Centro 地震（NS 分量）的地震反应谱

影响。因此，如图 4.14 所示，当同一个地震动作用于阻尼常数是定值和不同固有周期 T 的多单质点模型中时，比较每个模型的位移、速度、加速度的最大响应值如图所示。通过绘制几种阻尼常数值的计算结果图示，对进行建筑物抗震设计提供了极其有用的信息，称为**地震反应谱**（earthquake response spectrum）。

基于很多现有建筑物的实测数据分析结果发现，一般建筑物可以通过其结构类型和高度之间的关系推定其固有周期。另外，根据结构类型也能对固有阻尼常数进行设定。因此，如果准备了特定地震动的反应谱，则可以对今后设计的建筑物在地震时是如何晃动的进行预测。图 4.15 显示了前一节中用于计算地震响应的 El Centro 地震动 NS 分量的地震反应谱，横坐标为建筑物的固有周期，（a）位移、（b）速度、（c）加速度的最大值以阻尼常数作为参数绘制。

位移是与建筑物本身的安全性和建筑物附件的框架剥落、脱落等密切相关的响应。由于绝对加速度和建筑质量的乘积是建筑物产生的地震力，因此加速度反应谱是与建筑物安全性评价直接相关的量，并且也与建筑收容物的移动、坍塌等有关。由于动能 =1 / 2×（速度响应）^{2}×（建筑质量），因此速度反应谱作为与建筑物中吸收的地震输入能量有密切关系的量也是重要的。加速度反应谱在特定的周期带卓越，此周期带称为地震动的**卓越周期**（predominant period）。周期长的建筑物偏离地震动的卓越周期，所以建筑物中产生的加速度响应减少，地震力与建筑物重量的比率（剪切力系数）也减少。这也是为什么有可能在被冠以世界首位地震国的日本建造超高层大楼这样固有周期长的大型建筑物的主要原因之一。低层、中低层建筑物的周期短，接近地震动的卓越周期，因此必须增加总体剪切系数。然而，用叠层橡胶等支撑整个建筑物时，通过延长其固有周期来降低建筑物的加速度响应，这样的结构称为隔震结构（base- isolated building）。反应谱中还值得关注的是，任何反应谱中随着阻尼常数的增加，响应大幅减少。低层建筑中，在地震动卓越周期附近阻尼的影响非常大。高层建筑物中阻尼对加速度响应降低的影响很小，但是在减少位移方面却有很大效果。积极运用这种阻尼效果的技术称为**振动控制**（vibration control）。

图 4.15 的地震反应谱中每个横坐标都是固有周期，从加速度谱和位移谱中剔除固有周期得到两者之间的直接关系，得到图 4.16 所示的频谱，这种频谱的表示方法有时称为 ADRS（Acceleration-

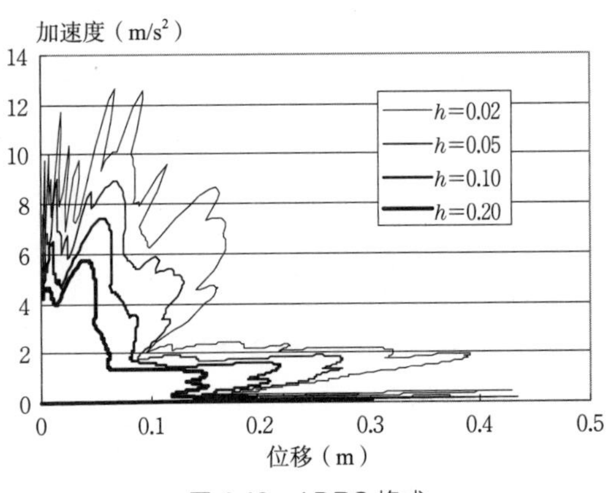

图 4.16 ADRS 格式

Displacement Response Spectrum）格式。当该频谱的纵坐标乘以建筑物的质量，则它成为地震力，因此该频谱显示了由于地震动而作用在建筑物上的地震力与建筑物产生的位移之间的关系随着阻尼常数的大小发生变化的情况。在这里不详细涉及，但是一般的结构设计允许建筑物产生塑性变形，此时建筑物产生的力和位移的关系曲线与上述频谱的交点，是预测建筑物最大位移的方法，使用了现行建筑标准法施行令中所收录的极限强度计算法，已成为抗震计算法的基础。

4.3.3 伪反应谱

单自由度系统的运动方程（4.1）的位移响应由 Duhamel 积分后通过下式给出：

$$x(t)=\frac{1}{\sqrt{1-h^2\omega}}\int_0^t \ddot{x}_0(\tau)\,\mathrm{e}^{-h\omega(t-\tau)} \times\sin\sqrt{1-h^2}\,\omega(t-\tau)\,\mathrm{d}\tau \cdots \tag{4.5}$$

由此，位移反应谱 S_d 为：

$$S_d=\max|x(t)|=\max\left|\frac{1}{\sqrt{1-h^2\omega}} \times\int_0^t \ddot{x}_0(\tau)\,\mathrm{e}^{-h\omega(t-\tau)}\sin\sqrt{1-h^2}\,\omega(t-\tau)\,\mathrm{d}\tau\right| \tag{4.14}$$

速度反应谱 S_v 为对公式（4.14）求导所得，即：

$$S_v=\max\left|\frac{1}{\sqrt{1-h^2}}\int_0^t \ddot{x}_0(\tau)\,\mathrm{e}^{-h\omega(t-\tau)} \times\cos[\sqrt{1-h^2}\,\omega(t-\tau)+\varphi]\,\mathrm{d}\tau\right| \tag{4.15}$$

绝对加速度响应来自运动方程，为 $\ddot{x}+\ddot{x}_0=-(2h\omega\dot{x}+\omega^2x)$，因此加速度响应 S_a 由公式（4.14）、公式（4.15）可得：

$$S_a=\max\left|\frac{\omega}{\sqrt{1-h^2}}\int_0^t \ddot{x}_0(\tau)\,\mathrm{e}^{-h\omega(t-\tau)} \times\left\{2h\cos[\sqrt{1-h^2}\,\omega(t-\tau)+\varphi] +\sin[\sqrt{1-h^2}\,\omega(t-\tau)]\right\}\mathrm{d}\tau\right| \tag{4.16}$$

当阻尼常数 h 在 $1-h^2\approx1$ 的范围内以及忽略相位差时，公式（4.14）～公式（4.16）可以简化为下式：

$$S_d=\max\left|\frac{1}{\omega}\int_0^t \ddot{x}_0(\tau)\,\mathrm{e}^{-h\omega(t-\tau)}\sin\omega(t-\tau)\,\mathrm{d}\tau\right| \tag{4.17}$$

$$S_v=\max\left|\int_0^t \ddot{x}_0(\tau)\,\mathrm{e}^{-h\omega(t-\tau)}\cos\omega(t-\tau)\,\mathrm{d}\tau\right| \tag{4.18}$$

$$S_a=\max\left|\omega\int_0^t \ddot{x}_0(\tau)\,\mathrm{e}^{-h\omega(t-\tau)}\sin\omega(t-\tau)\,\mathrm{d}\tau\right| \tag{4.19}$$

这些称为**伪反应谱**（pseudo response spectrum）。对于上述 S_v，S_d，S_a 很容易推导出以下相互关系，即：

$$S_v=\omega S_d \tag{4.20}$$

$$S_v=S_a/\omega \tag{4.21}$$

利用这种关系，三种类型反应谱可以表示在同一个图中，即，对公式（4.20）和公式（4.21）两边取对数可得：

$$\log S_v=\log\omega+\log S_d \tag{4.22}$$

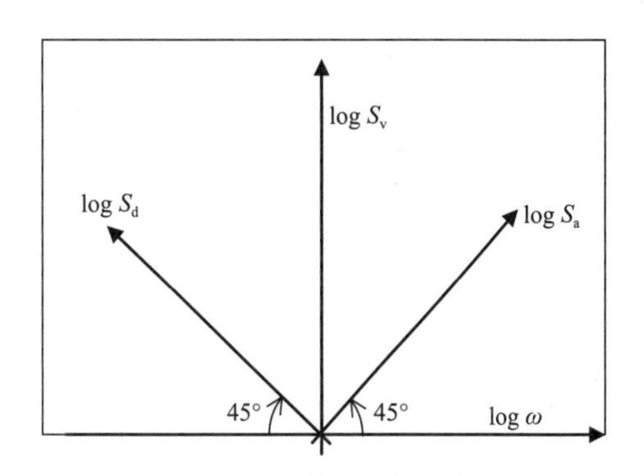

图 4.17 反应谱的 4 轴显示

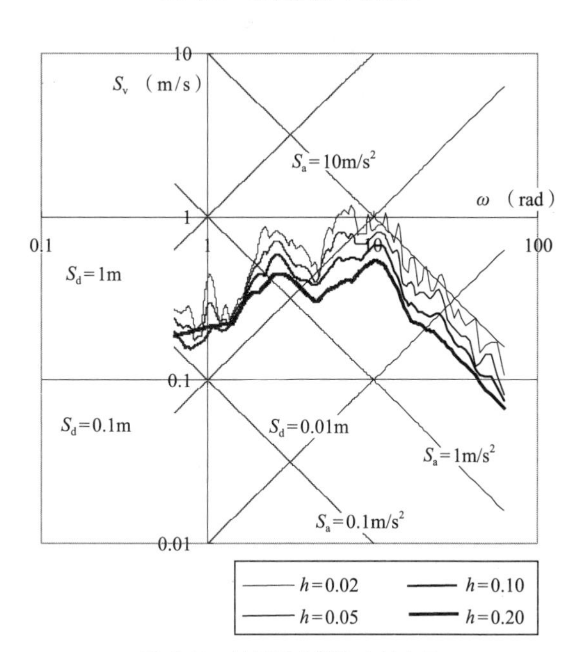

图 4.18 地震反应谱的 4 轴表示

$$\log S_v = -\log \omega + \log S_a \quad (4.23)$$

如图 4.17，ω、S_d、S_v、S_a 各自的对数可以在一张图中表示。

关于图 4.9 所显示的地震记录的反应谱，实际上以图 4.17 的形式表示的话会变成图 4.18 那样。

4.3.4 能量反应谱

a. 能量响应

建筑物的位移为 x，地震动的位移为 x_0 时，弹性单自由度系统的运动方程如公式（4.24）所示。像公式（4.25）那样，将公式（4.24）的两边乘以 $\dot{x}\mathrm{d}t$，在 t 到 $t+\Delta t$ 范围内积分，其间质点的动能 ΔE_k，滞后阻尼能 ΔE_v，势能 ΔE_p，地震输入能 ΔE_I 的关系通过公式（4.26）给出。滞后阻尼能通常包括黏性阻尼引起的能量以及伴随塑性变形的能量，在这里我们排除由于塑性变形引起的能量。这四种类型的能量表示为时间 t 的函数，且 ΔE_v 的最大值如公式（4.27）所示，被定义为最大消耗能 ΔE_{max}。此外，根据动能 =（1/2）× 质量 ×（速度）^{2} 的关系，等效速度定义为公式（4.28）。通过这种方式引入等效速度 V_{eq}，可以用与建筑规模无关的指标来表示地震引起的能量响应。

$$m\ddot{x}+c\dot{x}+kx=-m\ddot{x}_0 \quad (4.24)$$

$$\int_t^{t+\Delta t} m\ddot{x}\dot{x}\mathrm{d}t+\int_t^{t+\Delta t} c\dot{x}\dot{x}\mathrm{d}t+\int_t^{t+\Delta t} kx\dot{x}\mathrm{d}t = \int_t^{t+\Delta t} m\dot{x}_0\dot{x}\mathrm{d}t \ \mathrm{z} \quad (4.25)$$

$$\Delta E_K+\Delta E_V+\Delta E_P=\Delta E_I \quad (4.26)$$

$$\Delta E_{max}=\max[\Delta E_V] \quad (4.27)$$

$$V_{eq}=\sqrt{\frac{2\Delta E_{max}}{m}} \quad (4.28)$$

通过利用在公式（4.25）的积分范围内的 Δt 取值法，可以以两种方式定义单自由度系统模型的地震输入能量。一种方法是把 Δt 当作地震动作用引起建筑物振动的总持续时间，把 ΔE_{max} 当作在此期间建筑物内所吸收的能量（累计吸收能量）。另一种方法是，Δt 被认为是建筑物响应的半个循环或一个循环这种短的时间，把 ΔE_{max} 当作在它们之间的吸收能量（瞬间吸收能量）来考虑。

b. 累积吸收能和等效速度谱

在累积吸收能的情况下，阻尼单自由度系统模型中描述如图 4.11 所示的载荷和位移的关系时，可以认为其每次重复吸收能量的总和与累积吸收能量相当。在伴随衰减的弹性振动系统中，动能和弹性应变能的累积和，与滞后阻尼能引起的累积和相比，可以忽略不计，因此认为阻尼导致的吸收能量基本等同于地震动引起的总输入能量。图 4.19 是将图 4.9 中地震动的总输入能量换算为等效速度 V_{eq}，并根据不同的固有周期 T 所显示的**等效速度谱**。尽管绘制了不同的阻尼常数值，但是当阻尼超过一定水平时其影响不大。这是与直

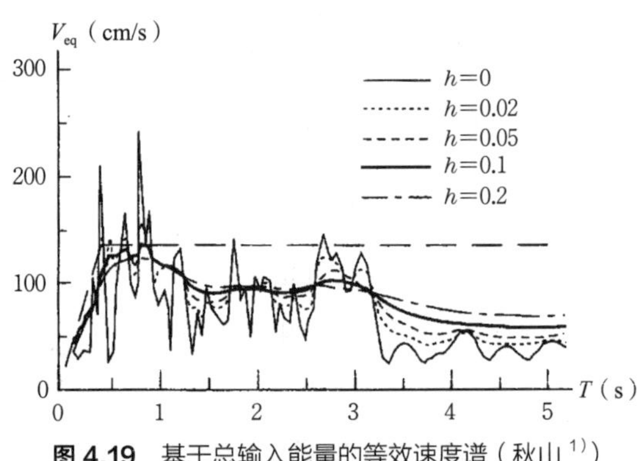

图 4.19 基于总输入能量的等效速度谱（秋山[1]）

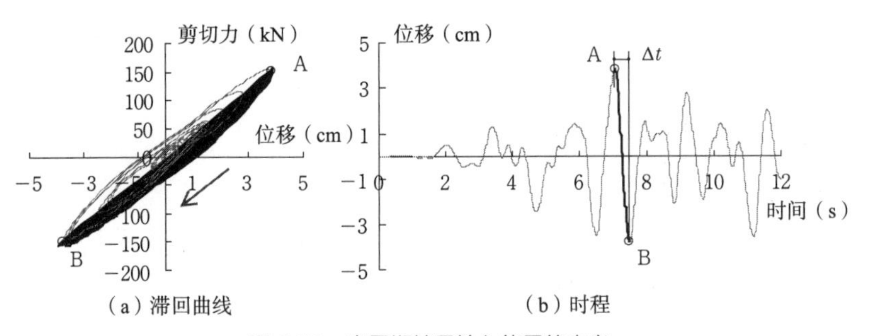

图 4.20 半周期地震输入能量的定义

觉相符的结果，即如果确定了质点模型的质量和周期，则输入能量由地震动唯一确定。

c. 瞬时吸收能和等效速度谱

如图 4.20 中从 t 时刻的 A 点到 $t+\Delta t$ 时刻的 B 点，位移从一个峰值移动到另一个峰值，半个周期内建筑物所吸收的能量定义为瞬时吸收能量。A 点、B 点可以认为是对应于速度响应的零点。比起使用一个周期，可以认为使用半个周期较好，这是因为在一般情况下假定弹塑性模型的响应时，有可能伴随着滞回曲线的中心从原点移动的现象。

图 4.22 显示了根据上述定义计算出的输入图 4.21 中模拟地震动时获得的等效速度谱。所谓**模拟地震动**，并不是实际记录的地震动，而是使用电脑创建的。一般来说，在地震发生源的断层的创建中，考虑到建设地点波动传播路径的特性、建设地基的特性等，作为最常见的地震动使用计算机进行模拟制作。虽然描绘了三种不同阻尼常数相关的频谱，但是基本上都是相等的，这个可以认为与前述输入能量的情况一样，给予建筑物的地震输入能量，不管其阻尼性能如何，主要依赖于其固有周期和质量。

另外，一般来说，最大的半周期吸收能 ΔE_{max} 在最大响应位移 S_d 发生之前或者紧接着发生，所以 ΔE_{max} 可以用位移谱 S_d 在振幅稳态响应半周期内消耗的能量近似，因此，ΔE_{max} 可以用公式（4.29）所示的 $S_d(h)$表示，其中固有圆频率为 ω，质量为 m，阻尼常数为 h，伪速度谱 S_{pV}（h）可以用 ωS_d（h）表示，等效速度 V_{eq} 可用公式（4.30）近似表示。

$$\Delta E_{max}=m\pi h\omega^2 S_d(h)^2 \tag{4.29}$$

$$V_{eq}=\omega S_d(h)\sqrt{2\pi h}=S_{pV}(h)\sqrt{2\pi h} \tag{4.30}$$

公式（4.30）中，$h=1/(2\pi)=0.159$，则 V_{eq} 和 S_{pV} 是相等的。在实用角度，半周期的输入能量所对应的等效速度谱 V_{eq} 能通过 S_{pV} 在公式（4.30）中求出（图 4.23）。

4.4 多质点系统的地震响应

4.4.1 直接积分法

多层建筑物作为多质点系统模型受到任意扰动 $\ddot{x}_0$ 作用时，运动方程以矩阵形式表示，如公式（4.31）所示：

$$[M]\{\ddot{x}\}+[C]\{\dot{x}\}+[K]\{x\}=-\ddot{x}_0[M]\{1\} \tag{4.31}$$

公式（4.31）中，$[M]$ 为质量矩阵，其中每个质点的质量对角排列，$[C]$ 为阻尼矩阵，$[K]$ 为刚度矩阵。$\{1\}$ 是输入分布矢量，其各元素均为 1。

如上所述，多自由度系统的振动是通过矩阵表示的复杂形式，但如果 $\ddot{x}_0$ 是任意扰动的情况下，根据用于单自由度系统时的直接积分法，可以用以下各公式计算任意时间的响应。

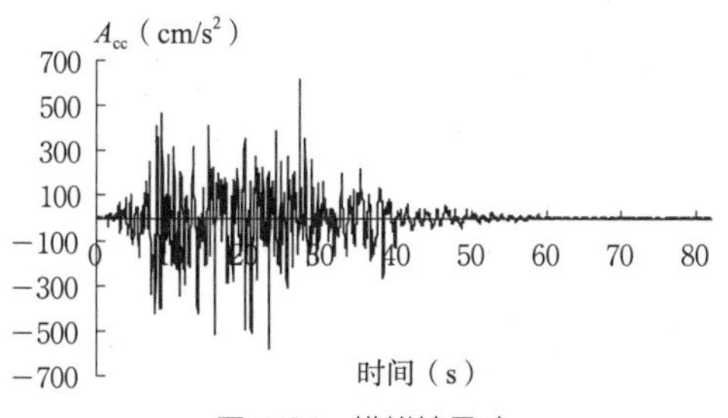

图 4.21 模拟地震动

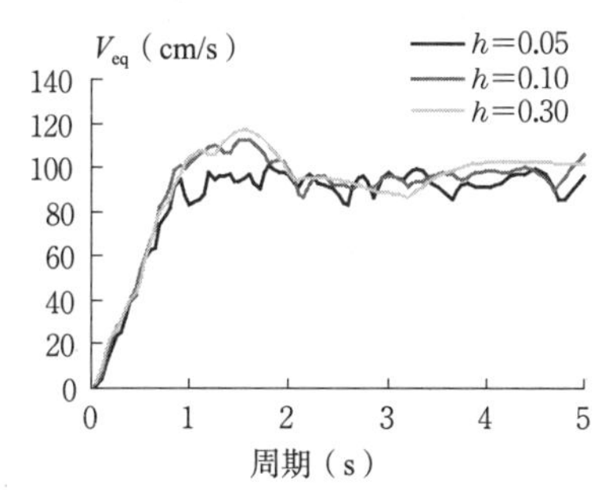

图 4.22 等效速度谱

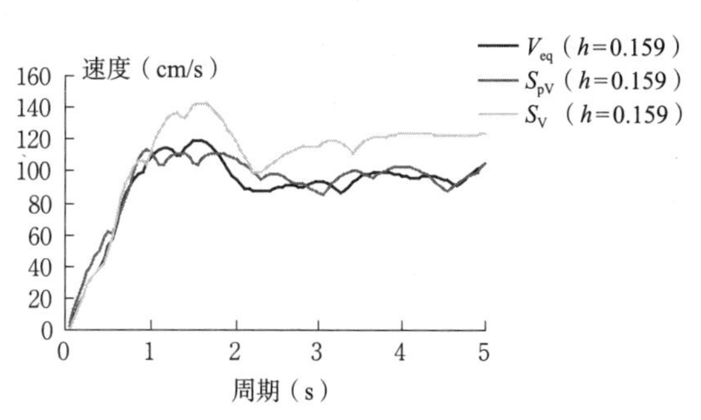

图 4.23 V_{eq}、S_{pV} 和 S_V 谱的比较

$$\{\ddot{x}\}_{n+1}=-\frac{[M]\{1\}\ddot{x}_{0,n-1}+[C]\left(\{\dot{x}\}_n+\frac{1}{2}\{\ddot{x}\}_n\Delta t\right)+[K]\left[\{x\}_n+\{\dot{x}\}_n\Delta t+\left(\frac{1}{2}-\beta\right)\{\ddot{x}\}_n\Delta t^2\right]}{[M]+(\Delta t/2)[C]+\beta\Delta t^2[K]} \quad (4.32)$$

$$\{\dot{x}\}_{n+1}=\{\dot{x}\}_n+\frac{1}{2}(\{\ddot{x}\}_n+\{\ddot{x}\}_{n+1})\Delta t \quad (4.33)$$

$$\{x\}_{n+1}=\{x\}_n+\{\dot{x}\}_n\Delta t+\left(\frac{1}{2}-\beta\right)\{\ddot{x}\}_n\Delta t^2+\beta\{\ddot{x}\}_{n+1}\Delta t^2 \quad (4.34)$$

4.4.2 模态分析法

a. 模态分析法概要

在使用“4.4.1 直接积分法”时，为了获得高精度解，时步的选择必须比单质点系统模型时更加慎重，这是因为极有可能在多质点系统的振动中包含周期极短的振动分量，与单质点系统同样的原因，其振动分量的响应性状变得不稳定。为了防止这种不稳定现象的产生，目前已经在进行相关对策的研究，但是在这里不会进行过多涉及。以下是利用模态分析结果计算任意扰动所对应响应的方法。

根据“3.1.2 多层建筑物的无阻尼自由振动”，多质点系统模型的无阻尼自由振动的运动方程为：

$$[M]\{\ddot{x}\}+[K]\{x\}=0 \quad (4.35)$$

该运动方程被分成相互独立的固有振型，响应为：

$$\ddot{q}_i+2h_i\omega_i\dot{q}_i+\omega_i^2q_i=-\beta_i\ddot{x}_0 \quad (4.36)$$

右边的系数 β_i 称为参与系数，通过下式表示：

$$\beta_i=\frac{\{u\}_i^{\mathrm{T}}[M]\{1\}}{\{u\}_i^{\mathrm{T}}[M]\{u\}_i}=\frac{\sum_{s=1}^{n}m_su_{si}}{\sum_{s=1}^{n}m_su_{si}^2} \quad (4.37)$$

一般来说多自由度系统振动中，低阶振型与固有周期的长振动占优势，模态分析方法只取出低阶振型的主要固有振动，并将响应近似为其总和，与前述的直接积分法相比，响应计算所需要的时间更短，但是模态分析法只适用于线弹性模型，模型的刚度不适合于依赖变形而变化的情况。

最初，建筑物是三维建造的，结构的位置和重量等是不规则分布的，尤其不规则性高的建筑物需要进行特别的处理，一般来说，水平面内的两个正交方向是独立的且不会产生扭转变形，即一个方向受到外力作用时其正交方向不受影响，因此可以认为不产生位移，并且可以单独提取平面。在此当结构面受水平力作用时，由于受建筑物整体变形中柱子的伸缩影响，建筑物整体弯曲变形的影响较小，而且梁和楼板的变形也很小，包含建筑物自重和活荷载在内的楼板仅在水平方向上移动，考虑到柱子以及墙壁的水平刚度，可以用弹簧上下连接。多质点系统模型即多自由度系统模型，具有多种振型，但考虑到它们之间的低阶振型起支配性地位，可以单独计算个别低阶振型，最后通过叠加得到近似的精确解。这种方法曾被广泛应用于计算机的计算能力较差的时代，但是今天计算能力已经得到了大幅提升，并且在实际的地震响应计算中包含了超出弹性变形范围的塑性变形响应计算。实际操作当中，这种模态分析方法很少用于地震响应预测。但是，如果与“4.3 地震反应谱”组合进行设计用的剪力计算时经常会用到这种方法，地震响应计算的案例如下所示。

b. 3 质点模型的固有震动和地震响应

1）解析模型 假设这样一个模型，其在高度方向上串联布置的三个质点通过 3 层建筑物之间的剪切弹簧连接。为方便起见，把底部用编号 0 表示，楼板位置的编号从底部开始按照顺序编号为 1、2、3。各质点的质量和层弹簧刚度如表 4.1 所示。

2）特征值和振型 Jacobi 法用于计算机的特征值分析。Jacobi 法的详情请见参考文献 2）等。表 4.2 为固有周期和参与矢量一览表。图 4.24 是参与矢量的图示。

分析模型的特性　　表 4.1

层	质量（t）	刚度（kN/m）
3	50	200000
2	100	250000
1	100	300000

特征值　　表 4.2

振型		1 阶	2 阶	3 阶
固有周期		0.231	0.0904	0.0684
参与矢量	3 层	1.293	−0.421	0.128
	2 层	1.055	0.0873	−0.142
	1 层	0.554	0.325	0.121

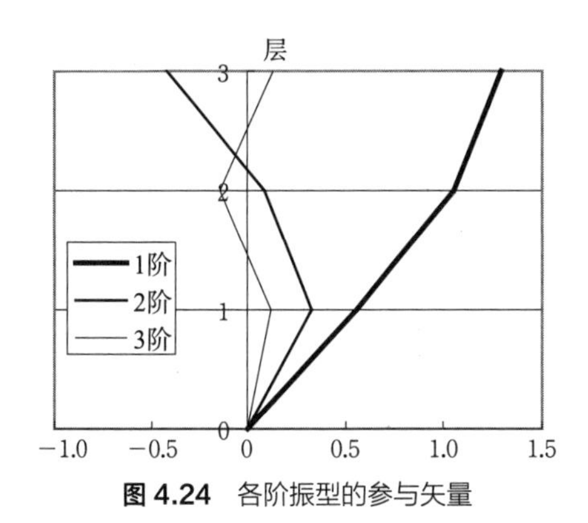

图 4.24　各阶振型的参与矢量

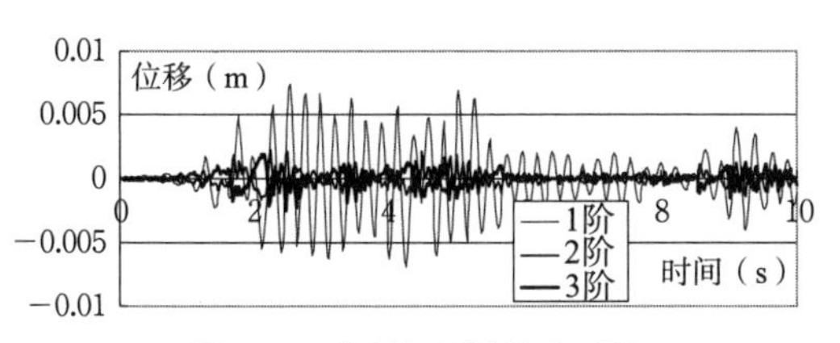

图 4.25　各阶振型的位移时程

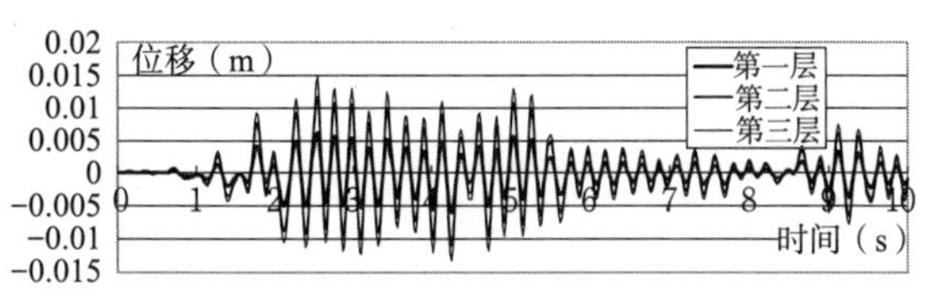

图 4.26　所有振型叠加获得的各层位移时程

3）各阶振型的位移时程　假设干扰为图 4.9 的实际地震动。图 4.25 中显示了 1 ~ 3 阶振型相关的单自由度系统的标准响应位移时程。尽管对应于高阶振型的响应变小，但是在这里，通过除以各阶振型的参与系数得到的值绘制作表。另外，响应计算是在地震动持续时间范围内进行的，为了让图容易看懂，只显示了 0 ~ 10（s）的区间。可以看出，越是高阶振型其响应振动周期越短，响应最大值在每个振型的发生时间不同。

4）各层位移精算解　图 4.26 是各阶振型的响应叠加在一起的结果。各层位移的变化与图 4.25 中 1 阶振型的位移时程极为相似，在使用的建筑模型与地震动的组合中，可以看出一阶振型在响应中起支配性地位。

参　考　文　献

1）　秋山　宏：エネルギーの釣合に基づく建築物の耐震設計，技報堂出版，1999

2）　戸川隼人：有限要素法による振動解析，サイエンスライブラリ　情報電算機 33，サイエンス社，1975

第 5 章 抗震设计的基础

5.1 抗震设计相关的响应量和设计用反应谱

5.1.1 抗震设计的思路

建筑物对于地震的安全设计是抗震设计的基础，有必要考虑地震的起因。越是大的地震动越难发生（不直接使用“地震”，而是使用对建筑物有影响的“地震动”）。建筑物建设和使用时间（使用寿命）平均 50 年左右，所以使用期间不经历大地震的可能性很高，为了应对极为罕见的地震动而进行高抗震性建筑设计使建筑物几乎不受地震损害是不经济的。另一方面，对于使用期间多次发生的地震动作用，建筑物遭受破坏比较大且修复困难会给日常的生活和活动造成影响。因此，对频率高的地震动或频率较低的地震动（使用期间可能发生 1 次左右的地震）对建筑物几乎没有造成损伤，即使存在损害也会很小，对于极为罕见的地震动造成的损害是可以容许的，但为了预防与人类生命相关的大灾害则需要对建筑物进行抗震设计。

根据以上的抗震设计思路，考虑地震动和对建筑物的性能关系总结如表 5.1 所示（参考了原建设部通用技术开发项目（1998）: 新建筑结构系统的开发报告书）。分类和定名可能有些不同。

考虑地震动强度的示例如表 5.2 所示。即使发生程度（频度）相同，地震动的强度也因地域及地基不同而不同，所以表 5.2 只是参考值。地表的地震动（有时称为地面运动），即使在同一个地方晃动，因建筑物的结构类别和层数不同（固有周期不同），同一建筑每层的晃动也不同，这是由共通的地表所决定的，这些将在后面详细说明。

抗震设计的对象是整体建筑物，包括梁柱等结构构件和基础以及非结构构件，如隔墙、外墙、电力管道、EV 等设备，家具、办公设备等。这些结构构件和非结构结构材料和设备、家具应确保的如表 5.1 所示建筑物性能其状态如表 5.3 所示。

地震动和建筑物的性能 表 5.1

考虑的地震动	频率比较高的地震动	频率较低的地震动	极其罕见的地震动
应该确保的性能（性能的称呼）	功能性、居住性的确保（使用性）	保护财产，防止损坏（修复性）	生命的保护（安全性）

地表震动强度的示例（gal=cm/s²） 表 5.2

考虑的地震动	频率比较高的地震动	频率较低的地震动	极其罕见的地震动
最大加速度	100gal 以下	200gal	400gal 以上
烈度	4 级以下	5 级	6 级以上

性能对应的建筑物状态 表 5.3

应该确保的性能	使用性	修复性	安全性
结构的状态	变形、振动对日常使用有影响	损伤不大，可以修复	即使受损伤，也能支撑建筑重量
非结构部件和设备、工具的状态	变形、振动对日常使用有影响	变形、振动在可以修复的损失范围内	危害人身安全的倒塌、脱落、移动

确保性能为目标的响应量示例 **表 5.4**

考虑的地震动	频率比较高的地震动	频率较低的地震动	极其罕见的地震动
确保的性能	使用性	修复性	安全性
建筑物（层），结构框架	$R_{max}\leqslant 1/200$ $Q_{max}\leqslant$容许应力	$R_{max}\leqslant 1/100$	$R_{max}\leqslant 1/50$ $Q_{max}\leqslant$极限强度
非结构部件和设备*	$R_{max}\leqslant 1/200$ $A_{max}\leqslant$ 1/200gal	$R_{max}\leqslant 1/150$	$R_{max}\leqslant 1/100$ $A_{max}\leqslant$ 500gal

* 当 $A_{max}\leqslant$ 1/200gal 时，为了不妨碍 A_{max}=1/200gal 的正常使用，通过抗震设计可以达到目标。

表 5.3 中的建筑物状态可根据目标地震动所引起的变形和力等响应量来判断。代表性响应量有剪切力（Q_{max}）等应力、层间变形角（R_{max}）、最大加速度（A_{max}）等。确保性能的响应量上限值由目标的结构特点和功能特性等决定，表 5.4 显示了这些响应量的各项性能示例。

根据上述抗震设计中考虑的问题，图 5.1 显示了地震与建筑物的性能，即损伤状态的关系。这里所示的应该确保的性能是其最低性能水平（建筑标准法对应），即使对于同样的地震动也应该把损害控制在较小范围，也就是说要考虑建筑物抗震性能更高的抗震设计。但是要建成什么程度抗震性能的建筑物基本上取决于建筑甲方的判断。设计者只是将其付诸实施。

5.1.2 抗震设计相关的响应量

抗震设计中考虑振动（地震响应）的基本模型是“3.1 多层建筑物的自由振动”中所示的刚度和质量组成的集中质点模型。构建一个多层模型，根据第 3 章和第 4 章中描述的方法进行地震响应分析，可求出建筑物的地震响应。图 5.2 显示了以 3 层建筑物为例，其集中质点模型中的层间位移和力的响应量。

x_0 是地面运动的位移，其加速度 $\ddot{x}_0$ 是地震响应分析的输入地震动。特意加上“输入”，是因为把地震期间的建筑物比作系统时，$\ddot{x}_0$ 是输入，建筑物的响应就是输出。建筑物的代表性响应量是图 5.2（a）中基础的相对位移 x_i。基础（= 地面）的位移 x_0 在整个建筑物中是共通的，因此地震前静止状态得到的各质点的绝对位移是 x_0+x_i，各质点的绝对加速度是 $\ddot{x}_0+\ddot{x}_i$。当然，这些地震时随时间变化的函数称为时程响应，表示为 $x_i=x_i(t)$。

5.1.1 节中所描述的与抗震设计相关的各个质点（楼板水平）以及质点间各层的响应量是以 x_0 和 x_i 为基础的以下参数：

层间位移（层间变形角），绝对加速度，地震力，层间剪力，层间倾覆力矩

对于 n 层建筑物，上述响应量根据图 5.2 定义如下，i 是从下往上第 i 层的质点或层数。

层间位移 $\delta_i=x_i-x_{i-1}$，其中，$\delta_1=x_1$ （5.1）

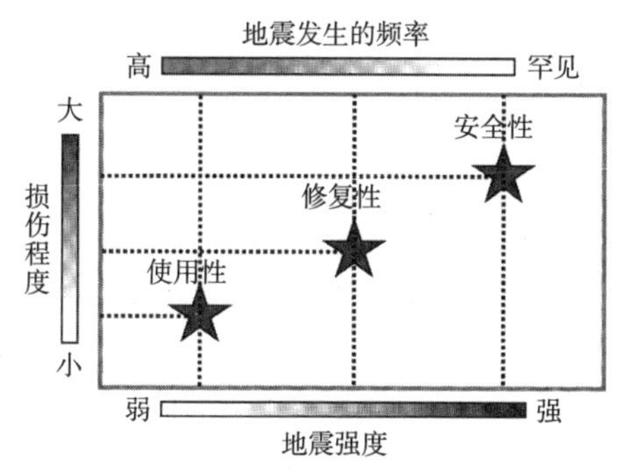

图 5.1 抗震设计考虑的地震动及其安全性能

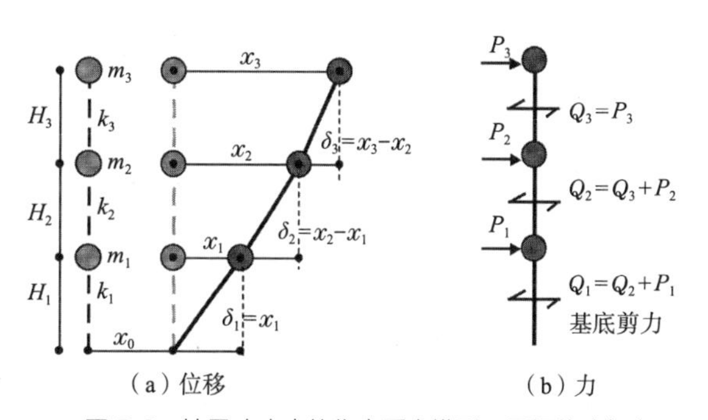

图 5.2 地震响应中的集中质点模型、层间位移与力

层间位移角　$R_i=\dfrac{\delta_i}{H_i}=\dfrac{x_i-x_{i-1}}{H_i}$　（5.2）

质点的绝对加速度　$\ddot{x}_0+\ddot{x}_i$　（5.3）

惯性力构成的力的响应量如下。

作用于质点的地震力

$$P_i=-m_i(\ddot{x}_0+\ddot{x}_i) \tag{5.4}$$

层间剪力

$$Q_i=\sum_{r=i}^{n}P_r=\sum_{r=i}^{n}\left[-m_r(\ddot{x}_0+\ddot{x}_r)\right] \tag{5.5}$$

层间倾覆力矩（层下端）

$$M_i=\sum_{r=i}^{n}\left\{P_r\sum_{l=i}^{r}H_l\right\} \tag{5.6}$$

第一层的层间剪力有时也称为基底剪力 Q_b。三层建筑物的情况如下式所示。

$$Q_b=\sum_{j=1}^{n}P_j=-m_1(\ddot{x}_0+\ddot{x}_1)-m_2(\ddot{x}_0+\ddot{x}_2)-m_3(\ddot{x}_0+\ddot{x}_3)$$

表 5.4 所示的响应量的示例显示了地震动持续时间中这些响应量的最大值

$$R_{imax}=\left|\frac{\delta_i}{H_i}\right|_{\max},\ A_{imax}=|(\ddot{x}_0+\ddot{x}_i)|_{\max},\ Q_{imax}=\left|\sum_{j=1}^{n}P_j\right|_{\max}$$

5.1.3　设计用反应谱

考虑到对建筑物的影响，表达输入地震动性质的就是地震动的反应谱，并且位移、速度和加速度响应谱（准确称呼分别是**相对位移、相对速度、绝对加速度反应谱**）这些在第 4 章已经学过，分别用 $S_d(T,\ h)$、$S_v(T,\ h)$、$S_a(T,\ h)$ 表示。反应谱是由固有周期 T（固有圆频率 $\omega=2\pi/T$）和阻尼常数 h 的单质点系统（≡单自由度）的时程响应最大值（绝对值）引起的，可以考虑最大值附近的共振以及几乎整个固有周期的振动状态。回到公式（4.1）的单质点系统的振动方程来考虑，在位移、加速度的最大值附近，速度的相位几乎延迟 $\pi/2$，因此阻尼项的影响很小，有以下近似关系：

$\ddot{x}+\omega^2x\approx-\ddot{x}_0$，因此 $\ddot{x}_0+\ddot{x}\approx-\omega^2x$，$\omega=\dfrac{2\pi}{T}$ 因此 $S_d(T,\ h)$ 可由下式表示：

$$S_d(T,h)=\frac{S_a(T,h)}{\omega^2} \tag{5.7}$$

同理，速度反应谱可以用公式（5.8）表示，但有时也称为**伪速度响应谱**而不是相对速度。

$$S_v(T,h)=\frac{S_a(T,h)}{\omega} \tag{5.8}$$

另外，T=0，即建筑物为无固有周期刚体的情况下，没有相对位移且 $\ddot{x}_0+\ddot{x}=\ddot{x}_0$ 时，有：

$$S_a(T=0)=|\ddot{x}_0|_{max},\ S_v(T=0)=0,\ S_d(T=0)=0$$

在不同地方观测到的各种地震，其地震反应谱各不相同。然而，当在相似条件下收集地震的规模（震级）、震中距离和地基特性（代表性的地基类型分类）的响应谱时，发现它们具有共同的特性。鉴于这样的地震特性和抗震设计的设计用外力在将来是可以预测的，通过从多个观测地震动的响应谱中综合整理作为**设计用反应谱**。这就是利用建筑物固有周期和阻尼常数就能简单的计算出其地震响应的值。

例如，梅村魁博士提出的名为**梅村谱**的设计用反应谱，包括各种观测地震动的反应谱，其中阻尼常数为 0.05 的加速度反应谱表示如下：

$$S_a(T,\ 0.05)=\begin{cases}3500k_g & (T\leqslant 0.5\text{s})\\ \dfrac{1750}{T}k_g & (0.5\text{s}<T)\end{cases} \tag{5.9}$$

S_a 的单位是 gal，T 的单位是 s，k_g 是地面运动的最大加速度 $|\ddot{x}_0|_{max}$ 除以重力加速度（980gal）的值。k_g=0.1 时如图 5.3 中的实线所示。

反应谱也是阻尼常数的函数。因此，设计用反应谱中定义阻尼常数 h=0.05，当使用其他阻尼常数的反应谱时，有必要对设计用反应谱做修正。通常，将 $S_a(T,\ 0.05)$ 修正为 $S_a(T,\ h)$ 的方法如公式（5.10）所示。

$$F_h=\frac{S_a(T,\ h)}{S_a(T,\ 0.05)}=\frac{1.5}{1+10h} \tag{5.10}$$

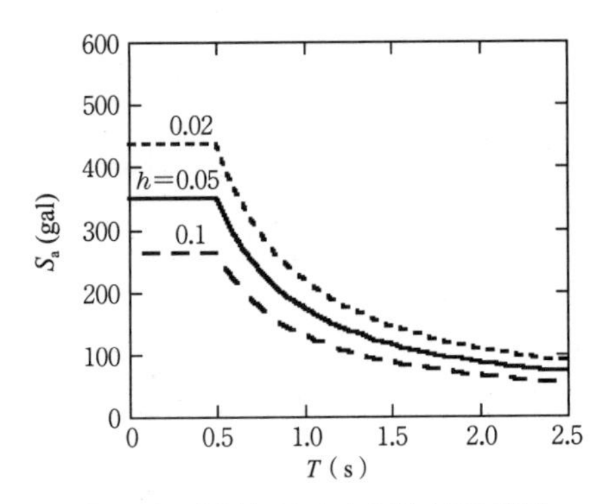

图 5.3　设计加速度响应谱（梅村谱）

在 $k_g=0.1$ 的梅村谱基础上，$S_a(T, 0.05)$ 修正为 $h=0.02$ 和 0.1 的加速度反应谱的结果如图 5.3 所示。

作为其他设计用反应谱的代表性示例，有一些被用于建筑标准法的地震力计算（5.2.2 节所述的修订建筑标准法的极限强度计算）。然后，通过将工程地基（参考 5.3.1 节）中的反应谱 $S_{ab}(T, 0.05)$ 与地基放大系数 $G_s(T)$ 相乘，地表地震动设计用加速度反应谱 $S_a(T, h)$ 定义如下：

$$S_a(T, h)=G_s(T)\times S_{ab}(T, 0.05)\times F_h \quad (5.11)$$

频率较高的地震动（图 5.10 的 1 阶设计用）的 $S_{ab}(T, 0.05)$ 由公式（5.12）确定。

$$S_{ab}(T, 0.05)=\begin{cases}64+600T & (T\leqslant 0.16\text{ s})\\ 160 & (0.16\text{ s}<T\leqslant 0.64\text{ s})\\ \dfrac{102.4}{T} & (0.64\text{ s}<T)\end{cases} \quad (5.12)$$

式中，G_s 无量纲，S_{ab} 的单位是 gal，T 的单位是 s。当 $S_{ab}(T, 0.05)$ 以及公式（5.10）中的 F_h 与 $h=0.02$ 和 0.1 相乘时，工程地基（$G_s=1$）的加速度反应谱如图 5.4 所示。

图 5.4 中 0.16s 以后，S_{ab} 随着周期变短而减小，收敛于上述 $S_{ab}(T=0)=|\ddot{x}_{0b}|_{max}$ 和工程学基础地震动的最大加速度。也就是说，在建筑标准法（极限强度计算）中表示为 $|\ddot{x}_{0b}|_{max}=64$gal。另一方面，图 5.3 梅村谱中的 S_a 在短周期内是恒定的，这里极短周期的建筑物是指低层抗震墙较多的建筑物，实际上根据后面 5.3.2 节所述的动态相互作用效果，固有周期变长，这些建筑物一般来说不太进行精确的抗震计算，因为从安全性考虑极短周期内 S_a 不会降低。

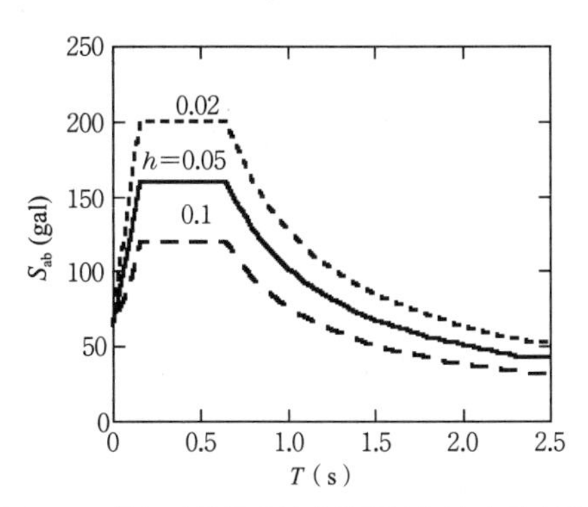

图 5.4 修订建筑标准法中的设计加速度反应谱

5.2 地震响应预测

5.2.1 基于反应谱的预测

如果可以建立建筑物的振动系统模型，对于目标输入地震动可以采用第 4 章所述的地震响应解析方法，求出“5.1.2 抗震设计相关的响应量”。这种情况下，抗震设计最必要的数值是响应的最大值，反应谱可用于计算该最大值，可以预测对“5.1.3 设计用反应谱”中抗震设计的响应。这里，5.1.2 节中的响应量被描述为时间函数的时程响应，但是在本节中，除非加上时间（t），否则将绝对值的最大值作为对象，比如 $\delta_i=|\delta_i(t)|_{max}$。

a. 单质点系统的最大响应

如图 5.5 所示，质量 m，刚度 k，固有周期 T，阻尼常数 h 的单质点系统（第一层）中，有：

相对位移（层间位移） $\ddot{\delta}=S_d(T, h)$

质点的绝对加速度 $\ddot{x}_0+\ddot{x}=S_a(T, h)$

作用于质点的地震力（= 层间剪力）

$P=Q=mS_a(T, h)$

b. 单质点系统的 $Q-\delta$ 和 S_a-S_d 的关系

如图 5.5 中施加静力 P，此时剪切力和位移的关系如图 5.6（a），表达如下：

$$Q=k\delta$$

两边同除以质量 m，得：

$$\frac{Q}{m}=\frac{k}{m}\delta=\omega^2\delta$$

取 $\dfrac{Q}{m}$ 为纵坐标，δ 为横坐标，上式用图表示，变成斜率为 ω^2 的直线，如图 5.6（b）所示。

在这里回顾一下 S_a–S_d 表示方法（加速度 – 位移反应谱），它是第 4 章已说明的反应谱的表示方法之一。也就是说，取纵坐标和横坐标分别为某个固有周期 $T(\omega=\dfrac{2\pi}{T})$ 最大响应值的加速度 S_a 和位移 S_d，根据公式（5.7）的关系斜率变为 ω^2 的一个点，将不同固有周期对应的点连成线用图表示，可以得出如图 5.7 的实线 S_a–S_d 谱。

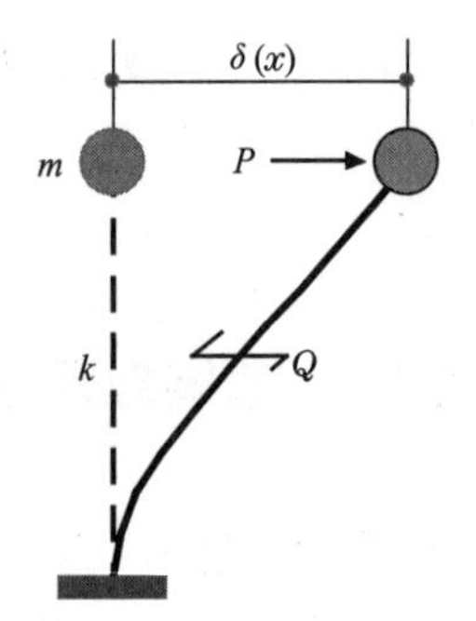

图 5.5　单质点系统的响应

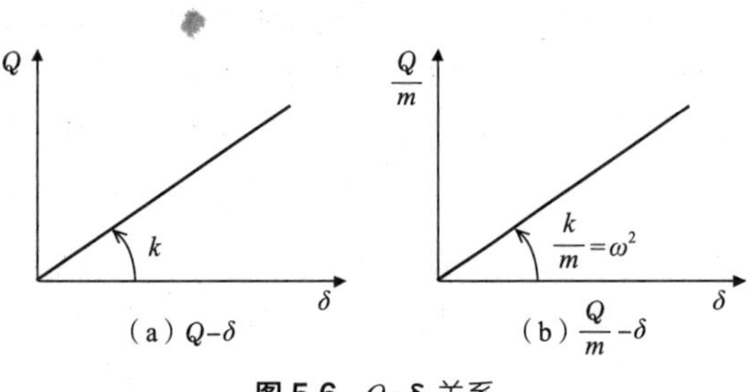

图 5.6　Q–δ 关系

将图 5.6（b）中的关系 $\frac{Q}{m}$–δ 叠加在 S_a–S_d 谱中，如虚线所示。从使用 a 小节所描述的反应谱的最大响应预测中得知最大响应值为图 5.7 中两条线的交点。

这种解法也适用于 Q–δ 的情况。

【例题 5.1】 公式（5.9）中，k_g=0.1 的梅村谱和公式（5.10）通过公式中阻尼常数的应用修正式，用图表示 h=0.02，0.05，0.1 的 S_a–S_d。其次，应用此图在（T=0.4s，h=0.05）和（T=0.6 s，h=0.02）的情况下，求出的 S_a 和 S_d。

［解］ 图 5.8 给出了 S_a–S_d 关系及求解两种情况所对应的 $\frac{Q}{m}$–δ 直线，两种情况的解分别为下述交点：

T=0.4s，h=0.05 时，

$S_a=\frac{Q}{m}$=350gal，$S_d=\delta$=1.42cm

T=0.6s，h=0.02 时，

$S_a=\frac{Q}{m}$=365gal，$S_d=\delta$=3.32cm

c. 多质点系统的最大响应

图 5.2 所示的多层建筑物的最大响应值是使用反应谱进行预测的。其基本思想是基于 3.1 节和 4.4 节中所述的模态分析法对求出的各阶振型响应进行叠加。首先，根据 n 层建筑物的振动系统模

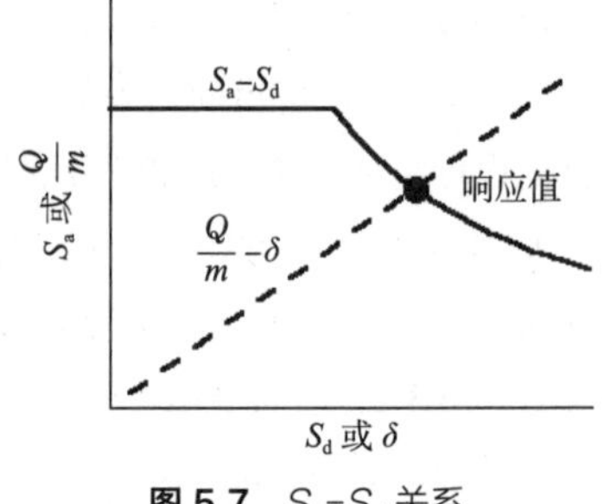

图 5.7　S_a–S_d 关系

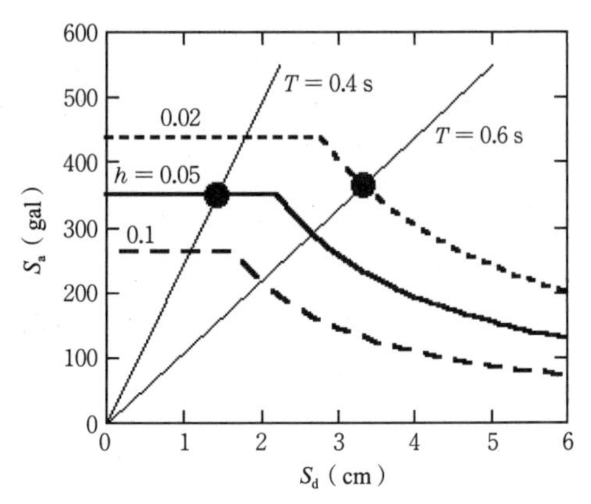

图 5.8　【例题 5.1】梅村谱的 S_a–S_d 关系及两个示例的解

型的特征值解析，准备 j=1 ~ n 阶的固有周期 T_j，各层的振型 u_{ij} 构成的固有振型矢量 $\{u\}_j$ 以及设定的阻尼常数 h_j。然后，根据下式确定参与系数：

$$\text{参与系数}\quad \beta_j=\frac{\sum_{i=1}^{n} m_i\mu_{ij}}{\sum_{i=1}^{n} m_i\mu_{ij}^{\ 2}} \tag{5.13}$$

$\{u\}_j$ 的固有振型，即只要表示形状即可（u_{ij} 的最大值可以是任何值），在响应预测中与被称为参与矢量的 $\beta_j\{u\}_j$ 组合使用，这里，各质点全次数的总和是 $\sum_{j=1}^{n}\beta_j u_{ij}=1$。

按时程赋予输入地震动时，根据第 4 章的方法事先求出各阶振型的时程响应，将各阶振型的响应叠加，例如 i 质点的相对位移如下所示：

$$x_i(t)=\sum_{j=1}^{n}\beta_j\mu_{ij}q_j(t)$$

$q_j(t)$ 是第 j 阶振型的响应位移，其最大值由第 j 阶振型的 T_j 和 h_j 所对应的位移反应谱表示，即 $|q_j(t)|_{max}=S_d(T_j,\ h_j)$。使用时，以 3 质点系统为例，各质点位移的最大值由以下关系求出。

$$|x_i(t)|_{\max} \leqslant |\beta_1 u_{i1}|S_d(T_1, h_1) + |\beta_2 u_{i2}|S_d(T_2, h_2) + |\beta_3 u_{i3}|S_d(T_3, h_3)$$

上式右边的绝对值及等号与全次数 $\beta_j \mu_{ij} q_j(t)$ 的最大值同时发生且符号相同。然而，正如 4.4 节的例题那样，最大值发生的时间与符号不同，所以大部分情况下 $|x_i(t)|_{\max}$ 比上述公式的右边要小的多。由此利用对以下各阶振型响应的最大值的平方和开方所得的平方根来预测最大值的方法。

$$|x_i(t)|_{\max} \approx \sqrt{|\beta_1\mu_{i1}S_d(T_1,h_1)|^2 + |\beta_2\mu_{i2}S_d(T_2,h_2)|^2 + |\beta_3\mu_{i3}S_d(T_3,h_3)|^2}$$

这种预测法称为**平方和开方法**（Square root of the sum of squares，简写为 SRSS）。而且因为使用了反应谱也被称为**反应谱分析法**（response spectrum analysis）。

根据反应谱分析法从"5.1.2 抗震设计相关的响应量"中求出各种响应量最大值的预测如下所示。

质点相对位移

$$x_i = \sqrt{\sum_{j=1}^{n'} |\beta_j \mu_{ij} S_d(T_j, h_j)|^2} \quad (5.14)$$

层间位移

$$\delta_i = \sqrt{\sum_{j=1}^{n'} |\beta_j (\mu_{ij} - \mu_{i-1j}) S_d(T_j, h_j)|^2} \quad (5.15)$$

质点绝对加速度

$$\ddot{x}_0 + \ddot{x}_i = \sqrt{\sum_{j=1}^{n'} |\beta_j \mu_{ij} S_a(T_j, h_j)|^2} \quad (5.16)$$

将公式（5.16）与质量 m 相乘，可以预测作用于质点的地震力 P_i，再根据 i 质点 j 阶振型的地震力

$$P_{ij} = m_i \beta_j \mu_{ij} S_a(T_j, h_j) \quad (5.17)$$

可以预测层间剪力和层间倾覆力矩为：

层间剪力 $$Q_i = \sqrt{\sum_{j=1}^{n'} [\sum_{r=i}^{n} P_{rj}]^2} \quad (5.18)$$

层间倾覆力矩

$$M_i = \sqrt{\sum_{j=1}^{n'} [\sum_{r=i}^{n} P_{rj} \sum_{l=i}^{r} H_l]^2} \quad (5.19)$$

1 阶的层间剪力（基底剪力）Q_b 可以用 j 阶振型的有效质量 m_{ej} 表示如下：

有效质量 $$m_{ej} = \beta_j \sum_{i=1}^{n} m_i u_{ij} = \frac{[\sum_{i=1}^{n} m_i u_{ij}]^2}{\sum_{i=1}^{n} m_i u_{ij}^2}$$

$$\sum_{j=1}^{n} m_{ej} = m_T \quad (5.20)$$

基底剪力 $$Q_b = \sqrt{\sum_{j=1}^{n'} [m_{ej} S_a(T_j, h_j)]^2} \quad (5.21)$$

从公式（5.21）可以明显看出，有效质量是第 j 阶振型的加速度响应等效于基底剪力的一个虚拟质量。

使用上述反应谱法时需注意以下几点：

①各阶振型响应叠加的最高次数为 n'，即使是 3 层以上的多层建筑物，通常，1 ~ 3 阶的计算也已足够，更高阶数的振型影响几乎没有。

②反应谱法对于每个响应量，首先在求出各阶振型的响应量后，根据 SRSS 预测质点和层间的最大值，因此产生以下关系：

$$\delta_i \neq |x_i - x_{i-1}| \quad (i>1)$$

$$Q_i < \sum_{r=i}^{n} P_i \quad (i<n)$$

$$M_i < \sum_{r=i}^{n} \left\{P_r \sum_{l=i}^{r} H_l\right\} \quad (i<n)$$

反应谱法是预测时程（非静态）中响应最大值的方法，是考虑了各响应量和各阶振型的响应时程中最大值发生的时间和符号不同的方法。因此，反应谱法中右边的计算是不正确的。

【例题 5.2】如图 5.9 所示的 3 质点系统模型，对下列条件下的相对位移、层间位移、加速度和层间剪力的最大响应值用平方和开方法（反应谱法）进行预测。

①设计用反应谱为公式（5.9）中 k_g=0.1 的梅村谱。

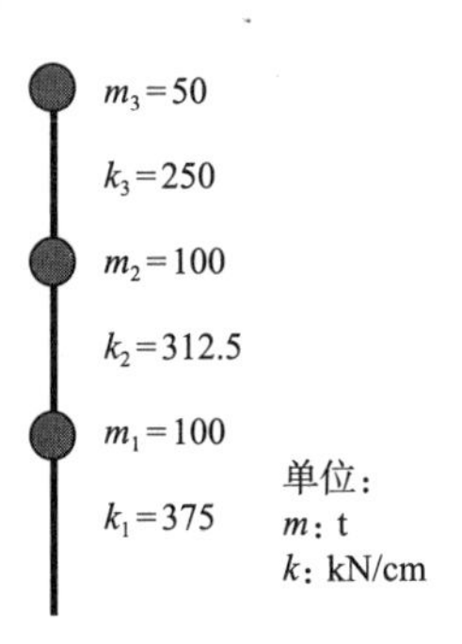

图 5.9【例题 5.2】中的 3 质点模型

②各阶阻尼常数为：1 阶振型中 $h_1=0.02$，高阶 $h_j=h_1\dfrac{\omega_j}{\omega_1}$。

③阻尼常数根据公式（5.10）修正。

［**解**］固有周期和参与系数见表 5.5，固有振型见表 5.6，各阶振型的 S_a 和 S_d 见 表 5.7。

例题的固有周期、阻尼常数、参与系数　　表 5.5

振型阶数	1 阶	2 阶	3 阶
T（s）	0.655	0.256	0.194
h	0.020	0.051	0.068
β　式（5.13）	1.293	−0.421	0.128
$m_e(t)$ 式（5.20）	225.5	20.2	4.3

例题的固有振型　　表 5.6

振型阶数	1 阶	2 阶	3 阶
第三层	1.000	1.000	1.000
第二层	0.816	−0.207	−1.108
第一层	0.428	−0.773	0.945

设计用反应谱值　　表 5.7

振型阶数	1 阶	2 阶	3 阶
S_a（gal）	334	347	313
S_d（cm）	3.63	0.58	0.30

预测的最大响应值如表 5.8 所示，在这里 C_i 为：

$$\text{剪切系数}\quad C_i=\frac{Q_i}{\sum_{r=i}^{n} m_r g} \tag{5.22}$$

检查表 5.8 的值与各阶振型的响应绝对值的和的差。

5.2.2　建筑标准法的地震荷载

a. 建筑标准法中的基本抗震规定

建筑物结构的使用性和安全性必须根据建筑

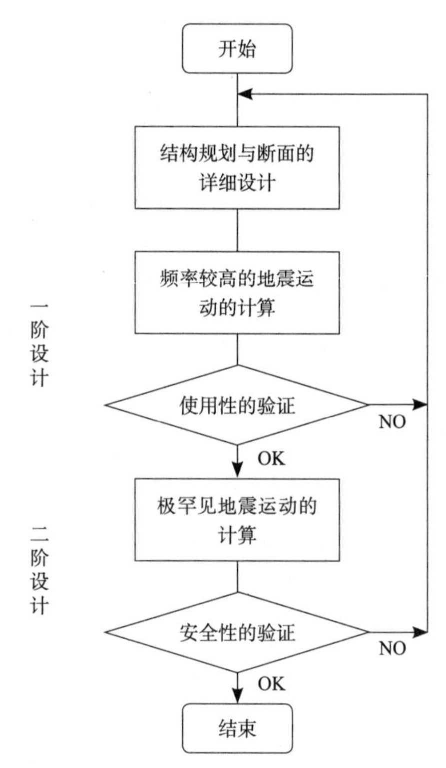

图 5.10　建筑标准法的二阶段计算

标准法（2000 年 6 月修订实施）规定的方法进行确定，在此，对目前为止学到的振动理论相关的建筑标准法中的抗震设计要点进行说明。

1981 年修订以后，如图 5.10 所示，建筑标准法中抗震设计是针对地震动的两个阶段进行的。表 5.1 所示的是与使用性相关的计算（1 阶设计）和与安全性相关的计算（2 阶设计）。

2000 年修正后的结构计算方法的路线如图 5.11 所示。高度超过 60m 的超高层有必要通过时程分析等的高度方向分析方法进行验证。一般建筑物的设计路线，包含时程分析在内有三种类型（注：也有规定其他新的等效检验法）。**容许应力等计算**是 1981 修订的新抗震设计法中的基本计

最大响应值　　表 5.8

响应	相对位移 x_i（cm）	层间位移 δ_i（cm）	绝对加速度（gal=cm/s^2）	剪切力 Q_i（kN）	C_i
（使用公式）	（5.14）	（5.15）	（5.16）	（5.18）	（5.22）
第三层	4.70	0.92	458	229	0.47
第二层	3.83	1.83	356	570	0.39
第一层	2.02	2.02	220	756	0.31

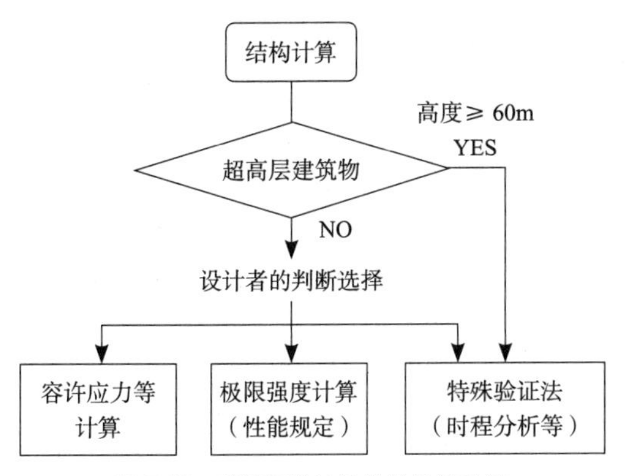

图 5.11 建筑标准法的结构计算方法

算方法。**极限强度计算**是 2000 年修订的建筑标准法中新制定的计算法，针对各个目标性能对建筑物的使用性和安全性进行直接验证的性能计算方法。

容许应力等计算和极限强度计算都是考虑了与建筑物的地震响应相关的各种特性形成的规定。这两种情况下通常会规定与地震动在建筑物上作用的“力”相关的地震荷载，从而满足建筑物各部位的应力和变形规定的容许值。地震荷载的基本规定如下所示：

各层的地震荷载 = 基本谱 × 高度方向的分布系数　　（5.23）

基本谱是根据表层地基特性（地基特性）和建筑物 1 阶固有周期之间的关系规定的特性（形状）谱，1 阶设计和 2 阶设计规定了地震动绝对量的系数以及由其构成的地震地域系数 Z。**地震地域系数**是根据全国各地区可能发生地震动的强度差异所规定的系数，除冲绳（Z=0.7）外取 1 ~ 0.8。容许应力计算和极限强度计算的地震荷载特征比较见表 5.9。

b. 容许应力等计算的地震荷载

1 阶设计和 2 阶设计中标准剪切系数为：

1 阶设计：C_0=0.2　2 阶设计：C_0=1

振动特性系数 R_t 根据建筑物的 1 阶固有周期 T 通过下式求出：

$$R_t=\begin{cases}1 & (T\leqslant T_c)\\ 1.0-0.2\left(\dfrac{T}{T_c}-1\right)^2 & (T_c<T\leqslant 2T_c)\\ 1.6\dfrac{T_c}{T} & (2T_c<T)\end{cases} \tag{5.24}$$

T_c 是表层地基不同种类所对应的特性周期，采用表 5.10 中的值，其 R_t 值如图 5.12 所示。

地基种类与振动特性系数 T_c　　**表 5.10**

地基种类	地基的特征	T_c（s）
第一种地基	坚硬地基	0.4
第二种地基	松散的洪积地基或结实的冲积地基	0.6
第三种地基	软弱地基	0.8

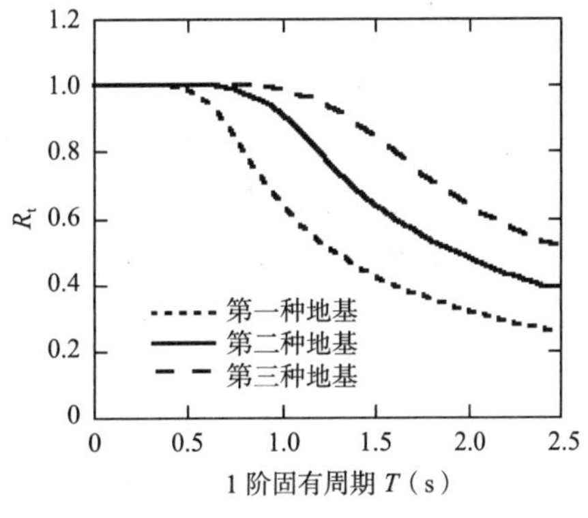

图 5.12 振动特性系数 R_t

地震荷载计算方法比较　　**表 5.9**

计算法	容许应力等计算	极限强度计算
荷载种类	层间剪力 Q_i	各层地震力（水平力）P_i
构成	$Q_i=C_i\sum_{r=i}^{n}m_r g$ 层间剪力系数 $C_i=ZR_tA_iC_0$	$P_i=m_iB_iZG_s(T)S_{ab}(T)$ $G_s(T)$：表层地基的放大谱
频谱特性	振动特性系数 R_t	地表频谱 $G_s(T)S_{ab}(T)$
荷载绝对量	标准剪切系数 C_0	工程地基谱 $S_{ab}(T)$
高度方向的分布	层间剪力分布系数 A_i	各层水平力分布系数 B_i

层间剪力系数高度方向的分布系数 A_i，使用建筑物质量分布 α_i 和 1 阶固有周期 T 通过下式求出。

$$A_i=1+\left(\frac{1}{\sqrt{\alpha_i}}-\alpha_i\right)\frac{2T}{1+3T},\quad \alpha_i=\frac{\sum_{r=i}^{n} m_r}{m_T} \tag{5.25}$$

一阶中 $\alpha_1=1$，$A_1=1$，1 阶的层间剪力系数 $C_1=ZR_tC_0$。$T=0.2$，0.5，2s 时的 A_i 分布如图 5.13 所示。

以上所使用的 1 阶固有周期 T 最好是通过目标建筑物的质量和刚度的特征值分析来求出，但是从许多建筑物实例中还可以使用下式推出的周期。

钢筋混凝土结构建筑物：

T（s）=0.02× 建筑物高度（m）

钢结构建筑物：

T（s）=0.03× 建筑物高度（m）

c. 极限强度计算的地震荷载

水平力 P_i 的绝对值在工程地基中通过加速度反应谱确定，1 阶设计由公式（5.12）获得，2 阶设计为其 5 倍。

表层地基的放大谱 $G_s(T)$ 最好从工学地基到地表的地基结构中求出（参考 5.3.1 节），简单来说与表 5.10 一样通过地基类型的不同进行规定，$Z=1$ 时地表的加速度反应谱 $G_s(T)\,S_{ab}(T)$ 如图 5.14 所示。

水平力高度方向的分布系数如下式所示：

$$B_i=\frac{\tilde{m}_e}{m_T}b_i \tag{5.26}$$

这里 $\tilde{m}_e$（如后述中规定）并不严密，但相当于公式（5.20）中有效质量的等效质量 b_i 的分布如下式所示。

$$\begin{aligned}b_i&=1+\left(\sqrt{\alpha_i}-\sqrt{\alpha_{i+1}}-\alpha_i^2+\alpha_{i+1}^2\right)\frac{2T}{1+3T}\frac{m_T}{m_i}\\&=1+\left(\frac{1}{\sqrt{\alpha_i}+\sqrt{\alpha_{i+1}}}-\alpha_i-\alpha_{i+1}\right)\frac{2T}{1+3T}\end{aligned} \tag{5.27}$$

$\alpha_{n+1}=0$

$T=0.2$、0.5、2.0（s）时 b_i 的分布如图 5.15 所示。因图中针对的是连续的 α_i 分布，所以如果层数少于 5 层则 b_i 的值与图 5.15 稍有不同。

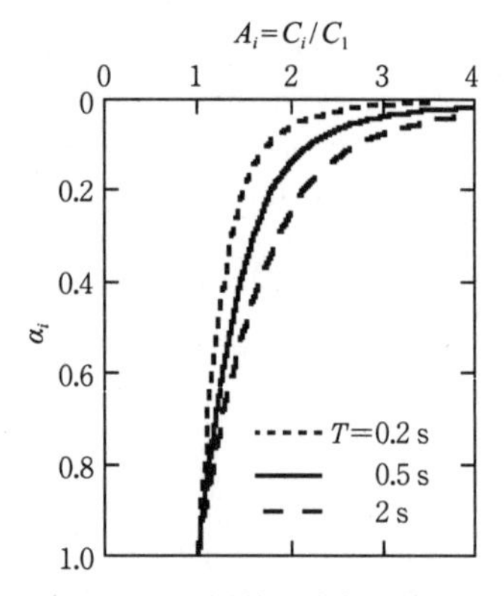

图 5.13 层间剪力分布系数 A_i

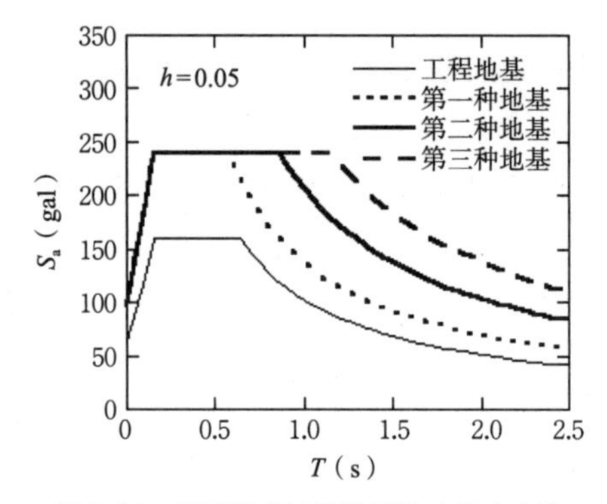

图 5.14 极限强度计算的设计应用响应谱

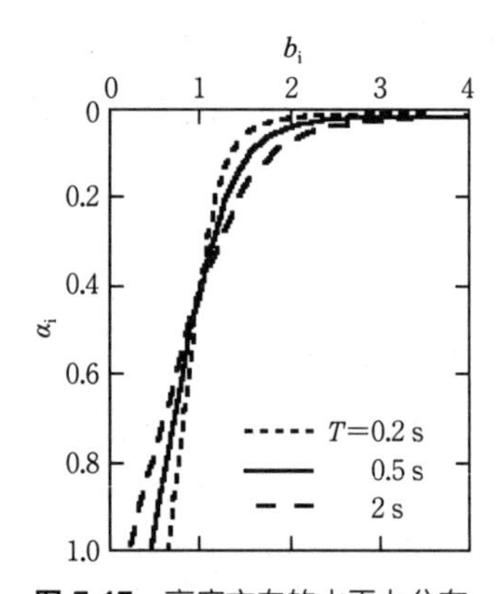

图 5.15 高度方向的水平力分布

这里我们将描述容许应力等计算和极限强度计算中地震荷载的关系。如上所述，根据极限强度计算的水平力求出层间剪力系数，得：

$$\begin{aligned}c_i&=\frac{Q_i}{\sum_{r=i}^{n} m_r g}=\frac{\sum_{r=i}^{n} P_r}{\sum_{r=i}^{n} m_r g}\\&=\frac{\sum_{r=i}^{n} m_r b_r}{\sum_{r=i}^{n} m_r}\frac{\tilde{m}_e}{m_T}Z\frac{G_s(T)\,S_{ab}(T)}{g}\end{aligned}$$

这里 b_i 和 A_i 的关系为：

$$\frac{\sum_{r=i}^{n} m_r b_r}{\sum_{r=i}^{n} m_r} = A_i \quad (5.28)$$

这意味着满足 $P_i=Q_i-Q_{i+1}$ 的关系。因此，为了与容许应力等计算的 $C_i=ZR_tA_iC_0$ 等效，则有：

$$\frac{\tilde{m}_e}{m_T}\frac{G_s(T)S_{ab}(T)}{g} \approx R_tC_0$$

由于 $\tilde{m}_e/m_T \approx 0.8$，所以图 5.12 中的 R_t 乘以 $C_0=0.2$ 所得的值与图 5.14 中 $G_s(T)\ S_{ab}(T)$ 对应的第二种地基的频谱除极短周期以外上述关系成立。进行时程分析时，制作工程地基上与 $S_{ab}(t)$ 对应的地震动波形（称为模拟地震动），考虑地基放大来设定输入地震动，这样图 5.11 所给的三条路线的结构计算方法中，地震荷载（输入地震）虽然表现不同，但基本思路是一样的。

d. 极限强度计算的检验法

通过响应位移验证建筑物的使用性和安全性能确保极限强度计算，换句话说，确认各地震动对建筑物的响应位移，确保其使用性不超过损伤极限位移以及安全性不超过安全极限位移。损伤极限位移可以认为是层间变形角为 1/200，安全极限位移取决于结构种类等，层间变形角为 1/50 左右。极限强度计算中检验方法的基本公式如下所述。

根据 c. 的设计用水平力，基底剪力 Q_b 可以表达如下：

$$\frac{Q_b}{\tilde{m}_e}=S_a(T),\ S_a(T)=ZG_s(T)\ S_{ab}(T) \quad (5.29)$$

通过改变该设计用反应谱的 T，可以绘制出如 5.2.1 节 b 中图 5.7 那样的 S_a–S_d 曲线，此时，使用目标建筑物的阻尼常数 $\tilde{h}$ 所对应的反应谱。

接下来，把目标建筑物等效为单自由度系统（单质点系统），如图 5.16 所示，作为与 b_i 分布成比例的外力 $\{P\}=p_s\{b\}$，p_s 逐次变大，求相对位移 $\{x\}_s$，根据渐增力进行静态解析。通过在此渐增力的各阶段 s，求出单质点系统中的各数值。

基底剪力 $$Q_{sb}=\sum_{i=1}^{n} P_{si} \quad (5.30)$$

等效（有效）质量 $$\tilde{m}_e=\frac{\left[\sum_{i=1}^{n} m_i x_{si}\right]^2}{\sum_{i=1}^{n} m_i x_{si}^2} \quad (5.31)$$

代表位移 $$\Delta_s=\frac{\sum_{i=1}^{n} m_i x_{si}^2}{\sum_{i=1}^{n} m_i x_{si}} \quad (5.32)$$

由此可见，此验证法基于 5.2.1 节中反应谱法的思路，其 $\{x\}_s$ 分布形状近似于 1 阶振型的形状。代表位移 Δ_s，使用如下参与系数

$$\beta_s=\frac{\sum_{i=1}^{n} m_i x_{si}}{\sum_{i=1}^{n} m_i x_{si}^2}$$

得到 $\beta_s\Delta_s=1$ 所规定的值。所谓的等效单自由度系统是把等效刚度 $\tilde{k}_e$ 作为基底剪力代表位移，有：

$$\tilde{k}_e=\frac{Q_{sb}}{\Delta_s}$$

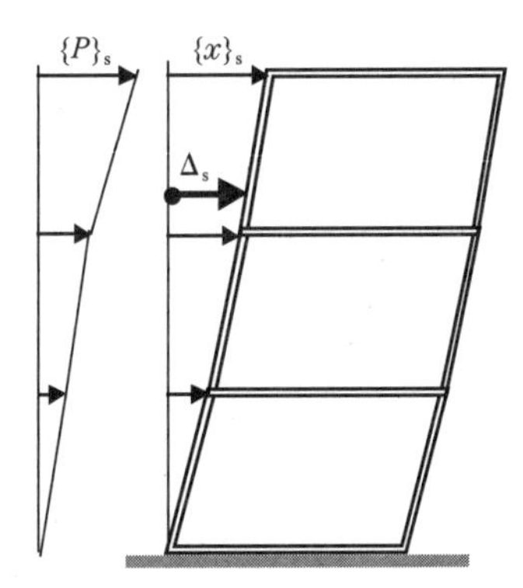

图 5.16　静态渐增力解析

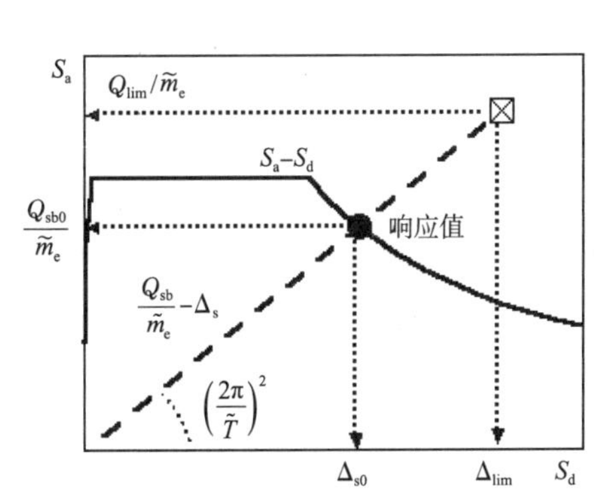

图 5.17　极限强度计算验证法的图解

根据$\widetilde{m}_e$，$\widetilde{k}_e$具有的单自由度系统，因此，固有周期$\widetilde{T}$通过下面公式求出：

$$\widetilde{T}=2\pi\sqrt{\frac{\widetilde{m}_e}{\widetilde{k}_e}}==2\pi\sqrt{\widetilde{m}_e\frac{\Delta_s}{Q_{sb}}} \qquad (5.33)$$

这样一来，通过渐增力得到静态分析各步骤 s 的结果，就能得到等效单自由度系统的$\frac{Q_{sb}}{\widetilde{m}_e}-\Delta_s$关系。

接下来可以根据图 5.17 的图解进行响应位移预测。S_a–S_d 和$\frac{Q_{sb}}{\widetilde{m}_e}$的交点 $\Delta_{s0}=S_d(\widetilde{T},\ \widetilde{h})$是对应于设计用反应谱的最大响应位移。建筑物各层的位移 Δ_{s0} 是在荷载步长 p_{s0} 处的位移 $\{x\}_{s0}$。上述结果如果能通过各层的极限位移验证即可。而且，可以把渐增力作用期间层间位移到达极限位移时刻的代表位移作为 Δ_{lim}，确保 $\Delta_{s0}<\Delta_{lim}$。从强度方面来看，Δ_{lim} 所对应的建筑物的极限强度 Q_{lim} 和 Δ_{s0} 所对应的基底剪力 Q_{sb0} 满足 $Q_{sb0}<Q_{lim}$。因此，Q_{sb0} 被称为设计用地震荷载中目标建筑物的必要抗侧强度。

以上的验证方法，针对以塑性化建筑构件非线性的安全界限为对象的情况，是特别有效果的方法。

另外，关于极限强度计算法，参考文献 1）是相关政令·告示的内容和解说，参考文献 2）是算例和详细解说。

【例题 5.3】设计用反应谱根据公式（5.9）中 k_g=0.1 的梅村谱，当图 5.9 中 3 质点系统的层间变形角 R 小于 1/200 时，请通过 d. 的方法（图 5.17）验证。系统的阻尼常数$\widetilde{h}$=0.02，各层的高度 H 为 400cm。

[解] k_g=0.1 代入公式（5.9）与公式（5.10）的 F_n 相乘得到 S_a，则$\widetilde{h}$=0.02 时的 S_a–S_d 曲线如图 5.18 中的实线表示。

接下来，根据建筑物质量的分布 α_i，系统的 1 阶固有周期 T=0.655s 求出层间剪力和水平力的分布 A_i 和 b_i 如表 5.11 所示。设外力 $\{P\}_s=p_s\{b\}$，逐渐增大 P_s 求出$\frac{Q_{sb}}{\widetilde{m}_e}-\Delta_s$的关系。$p_s$=100、200、300kN 时的结果如图 5.12 所示。此计算使用以下关系：

$$Q_i=\sum_{r=i}^{n}P_r,\quad x_i-x_{i-1}=\frac{Q_i}{k_i}$$

因为系统为线性，所以$\widetilde{m}_e$和$\widetilde{T}$与 p_s 有关。b_i与表 5.6 中 1 阶振型的分布略有不同，因此$\widetilde{T}$与 1 阶固有周期稍微差别。表 5.12 中各点的$\frac{Q_{sb}}{\widetilde{m}_e}-\Delta_s$的关系如图 5.18 中的虚线所示。

图 5.18 中实线和虚线的交点 p_{s0}=200.9kN 时，代表位移是 Δ_{s0}=3.78cm。因此，根据目标振动系统的设计反应谱对应的最大响应值求出表 5.13 中各个数值。根据反应谱法检查表 5.8 中的关系。

由上可知，可以验证每层 $R\leqslant 1/200$。

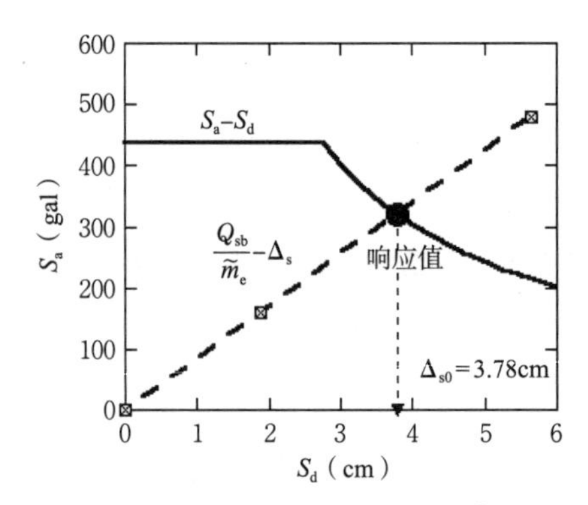

图 5.18 【例题 5.3】的 S_a–S_d 与 $\frac{Q_{sb}}{\widetilde{m}_e}-\Delta_s$

水平力高度方向的分布系数　　表 5.11

分布系数	α_i	A_i	b_i
使用公式	（5.25）	（5.25）	（5.27）
3 层	0.2	1.90	1.90
2 层	0.6	1.31	1.01
1 层	1	1.00	0.54

渐增力的值　　表 5.12

p_s（kN）	Q_{sb}（kN）	$\widetilde{m}_e$（t）	$Q_{sb}/\widetilde{m}_e$（m/s²）	Δ_s（cm）	$\widetilde{T}$（s）
使用公式	（5.30）	（5.31）		（5.32）	（5.33）
100	345	216	1.59	1.88	0.68
200	690	216	3.19	3.77	0.68
300	1035	216	4.78	5.65	0.68

预测的最大响应值　　表 5.13

响应	P_{si}（kN）	Q_{si}（kN）	x_{so}（cm）	δ（cm）	R（rad）
3 层	382	382	5.24	1.52	1/262
2 层	202	584	3.72	1.87	1/214
1 层	109	693	1.85	1.85	1/216

5.3　地基的振动

5.3.1　地震波的地基放大

因基岩错位的断层运动产生的地震波通过地壳和沉积地基的传播到达地表，如图 5.19 所示。被称为实体波的地震波有 **P 波**（primary 的 P）与 **S 波**（secondary 的 S）两种，也分别称为纵波与横波（或剪切波），在相对于波的传播方向的纵向和横向边振动边传播。与破坏有关的地震波是在 P 波后到达地表的 S 波。S 波的传播速度是由 S 波速度 V_s 所决定的，是传播过程中地基的物理特性之一，在平原深度为 2 ~ 3km 深处的地壳上面（被称为**地震基盘**）V_s 为 2000 ~ 3000m/s，随着深度变浅 V_s 变小。很多建筑物下的洪积、冲积地基中 V_s 为 100 ~ 400m/s，这些表层地基的基岩中 V_s 大约是 400m/s 的地层称为**工程基岩**。在抗震设计中，从图 5.14 中建筑标准法的频谱中可以明显看出基岩特性对地震荷载和输入地震动的评价影响很大。下面考虑表层地基的放大谱，极限强度计算中为 $G_s(T)$。

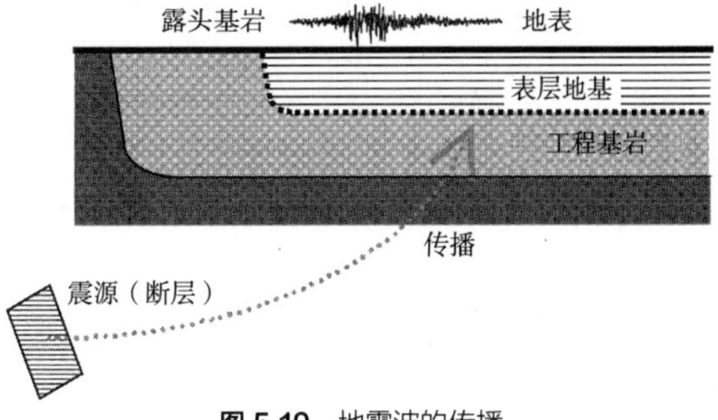

图 5.19　地震波的传播

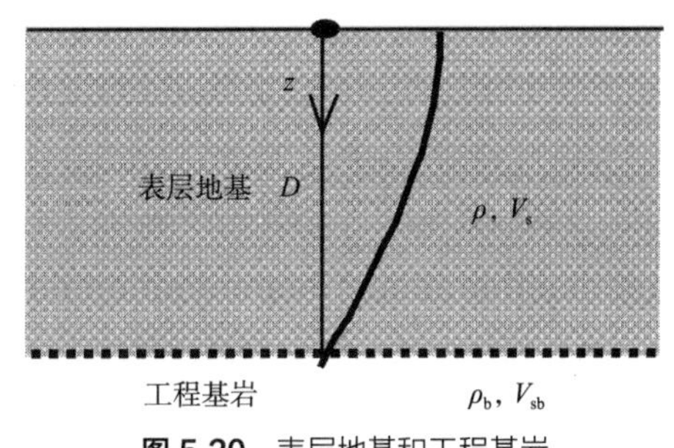

图 5.20　表层地基和工程基岩

考虑由均质表层地基（ρ 和 V_s 是固定的）组成的地基，其工程基岩和深度 D 如图 5.20 所示，其质量密度和 S 波的速度分别是 ρ_b 和 V_{sb} 以及 ρ 和 V_s。S 波的振动与剪切振动相同，在简谐振动 $exp(i\omega t)$ 时地基振动的分布如下所示。

$$U(z)=U_{GL}\cos\left(\frac{\omega z}{V_s}\right)\exp(i\omega t)$$

这里，U_{GL}：地表的振幅

地表的振幅 $U_{GL}=U(0)$ 之所以变大是因为层边界处 $U(D)=0$，即 $\frac{\omega_j D}{V_s}=(2j-1)\frac{\pi}{2}$ 的情况。频率和周期表示如下

$$f_j=(2j-1)\frac{V_s}{4D},\quad T_j=\frac{1}{2j-1}\cdot\frac{4D}{V_s}\qquad(5.34)$$

这里，j=1，2…的 f_j 称为 j 次卓越频率，T_j 称为 j 次卓越周期。1 阶卓越周期中 $U(z)$ 的分布变成了波长（V_sT）的 1/4，所以 T_1 的公式又称为 **1/4 波长定律**。

其次，关于放大率，考虑图 5.19 中如左边地点的工程基岩露出，也就是说假设认为上面没有表层地基，在极限强度计算中，把露头基岩中与 $S_{ab}(t)$ 相当的振动设为 U_{ob}，放大率 G_s 如下式所示。

$$G_s=\left|\frac{U_{GL}}{U_{ob}}\right|=\frac{1}{\sqrt{\cos^2\left(\frac{\omega D}{V_s}\right)+\alpha^2\sin^2\left(\frac{\omega D}{V_s}\right)}}$$

α 是工程基岩和表层地基与其层分界处在波动通过时所引起的，与反射和穿过有关的波动阻抗比，如下式所示：

$$\alpha=\frac{\rho V_s}{\rho_b V_{sb}}\qquad(5.35)$$

G_s 通常在表层地基柔软时考虑，$\alpha<1$。G_s 的例子如图 5.21 所示。设计中考虑地基时也会考虑表层地基的阻尼常数，在这种情况下，卓越频率处的 G_s 的振幅峰值 $\hat{G}_{sj}$ 如下式所示。

$$\hat{G}_{sj}=\frac{1}{h_g\frac{\pi}{2}(2j-1)+\alpha}\qquad(5.36)$$

从上面可以清晰地看到，土的密度差距很小，V_{sb} 比 V_s 小，大约是 400m/s，也就是说越是软的表层地基，卓越周期越长的同时放大率的峰值也会变大。

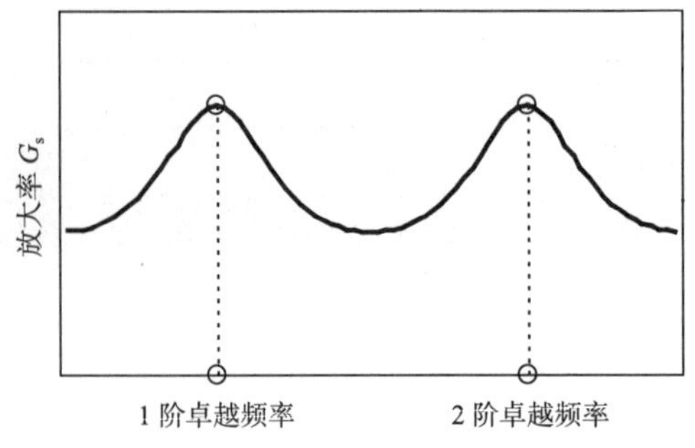

图 5.21 表层地基的放大谱 G_s

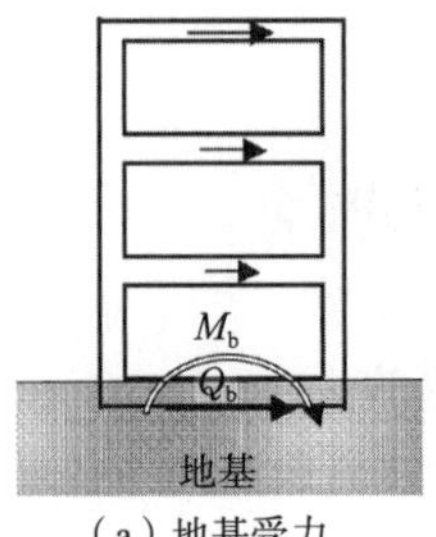

（a）地基受力

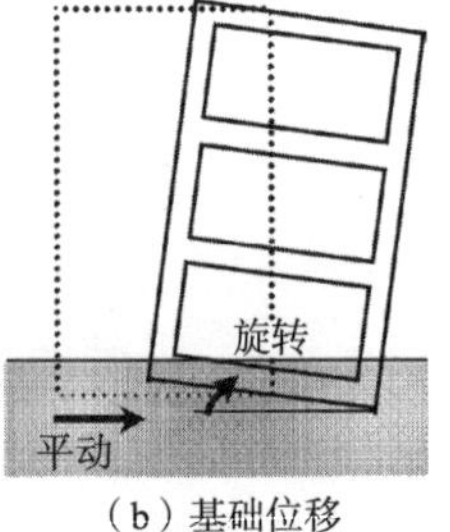

（b）基础位移

图 5.22 平动变形和旋转变形

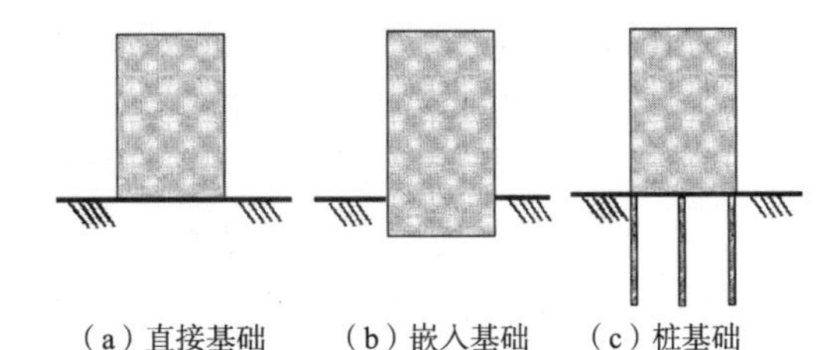

（a）直接基础（b）嵌入基础（c）桩基础

图 5.23 基础形式

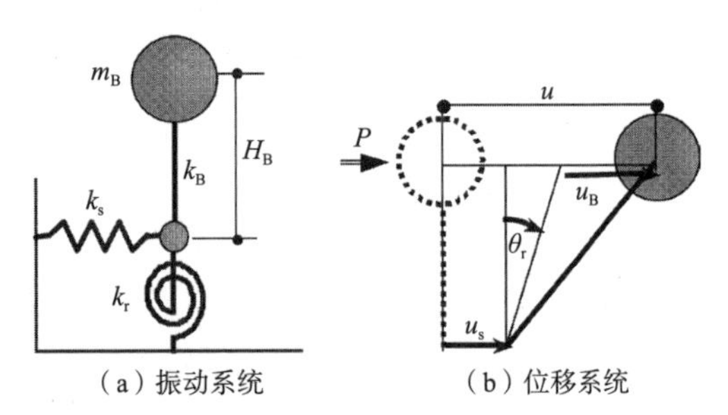

（a）振动系统（b）位移系统

图 5.24 考虑动态互相作用的振动系统

5.3.2 地基和建筑物的动态相互作用

因为建筑是被地基所支撑的，所以如图 5.22（a）所示，对建筑物（上部结构）施加的地震力也会传递给地基，施加给地基的力就是剪切力 Q_b 和力矩 M_b。弹性地基在接受这些力时就会产生局部变形，建筑物如该图（b）所示，相对于地基来讲，会产生水平移动和旋转位移，这些水平位移和旋转位移称为**平动**（sway）**和旋转**（rocking）。此地基的局部变形如后面所述，会引起固有周期和阻尼的变化，与输入建筑物的地震力一同发生变化。这种现象称为**地基 - 建筑物的动态相互作用**（soil-structure interaction 简称 SSI）。

建筑物的基础形式，如图 5.23 所示，有直接基础，嵌入基础，桩基础。即使是同样的地基和建筑物，基础形式不同所引起的相互作用也是不同的，建筑物下方的地基，通过给地基（桩基础的桩端）所施加的力与地基的变形关系可以求出弹性常数。把平动和旋转对应的弹性常数表示为 k_s 和 k_r，考虑相互作用的振动模型通过图 5.24（a）表示，建筑物质量 m_B，弹性常数 k_B，以及从地基到质点的高度是通过 H_b 的单质点系统来表示。这里，图 5.24（b）所示的是给质点施加惯性力 P 的状态。在地基上作用的力是 $Q_b=P$，$M_b=PH_B$，所以，建筑物的平动、旋转位移（u_B，u_s，θ_r）如下式所示。

$$\mu_B = \frac{P}{k_B},\quad \mu_s = \frac{P}{k_s},\quad \theta_r = \frac{PH_B}{k_r}$$

上述之和就是地震力 P 所引起的质点的位移 u。

$$\mu = \mu_B + \mu_s + \theta_r H_B$$

从力和位移 u 的关系中可以得出地基 - 建筑物系统中地基振动的等效弹簧常数 k_{SSI}。

$$k_{SSI} = \frac{P}{\mu} = \frac{1}{\dfrac{1}{k_B} + \dfrac{1}{k_s} + \dfrac{{H_B}^2}{k_r}} \qquad (5.37)$$

如后面所述，$k_{SSI}<k_B$。考虑相互作用的地基 - 建筑物振动系统的固有周期 T_{SSI} 如下所示。

$$T_{SSI} = 2\pi\sqrt{\frac{m_B}{k_{SSI}}} \qquad (5.38)$$

建筑物（上部结构）T_B 与地基固定时候的固有周期 T_B 进行比较的话，因为相互作用 $T_{SSI}>T_B$ 且固有周期会变长，不过，与建筑物相比如果地基更坚固的话，因为 k_s 和 k_r 都很大，所以 $k_{SSI}\approx k_B$，不会有相互作用引起的影响，通过地基固定的振动模型讨论地震响应即可。

相互作用的影响中，存在被称为辐射阻尼的阻尼效果。因为建筑物给地基施加的力一直处于振动状态，所以产生地基波动的状态。这个波动在地基下方和横向的无限远处持续进行辐射，使建筑物振动的能量持续耗散。

参考文献

1) 国土交通省住宅局建築指導課, 日本建築指導課主事会議, 日本建築センター編集：建築物の構造関係技術基準解説書，工学図書（2001-3）
2) 国土交通省住宅局建築指導課，国土交通省建築研究所，日本建築センター，建築研究振興協会編集：限界耐力計算法の計算例とその解説，工学図書（2001-3）

附录 1
基本公式

1.1　欧拉公式

三角函数和指数函数可以通过欧拉（Eular）公式结合在一起，即：

$$e^{\pm ix}=\cos x\pm i\sin x$$

换句话说，指数为虚数的指数函数可以用三角函数表示。

$$e^{x\pm iy}=e^{x}e^{\pm iy}=e^{x}(\cos y\pm i\sin y)$$

①欧拉公式证明 1

$$\begin{aligned}\frac{d(\cos x\pm i\sin x)}{dx}&=-\sin x\pm i\cos x\\&=i^2\sin x\pm i\cos x\\&=\pm i(\cos x\pm i\sin x)\end{aligned}$$

分离变量可得：

$$\frac{d(\cos x\pm i\sin x)}{\cos x\pm i\sin x}=\pm i dx$$

积分可得：

$$\log_e(\cos x\pm i\sin x)=\pm ix+C$$

当 $x=0$ 时，$C=0$。

因此，

$$\cos x\pm i\sin x=e^{\pm ix}$$

②泰勒级数和麦克劳林级数

当某个函数 $f(x)$ 在（x_0-a，x_0+a）（$a>0$）处可微分（$n+1$）次时，以下泰勒展开式成立。

$$f(x)=\sum_{j=0}^{n}f^{(j)}(x_0)\frac{(x-x_0)^j}{j!}+f^{(n+1)}\frac{[x_0+\alpha(x-x_0)](x-x_0)^{n+1}}{(n+1)!}$$

$x_0=0$ 时为麦克劳林公式。

$$f(x)=\sum_{j=0}^{n}f^{(j)}(0)\frac{x^j}{j!}+f^{(n+1)}(\alpha x)\frac{x^{n+1}}{(n+1)!}$$

当函数 $f(x)$ 可以在（x_0-a，x_0+a）（$a>0$）处可微分任意次数时，f 可以由泰勒级数表示。

$$f(x)=\sum_{j=0}^{\infty}f^{(j)}(x_0)\frac{(x-x_0)^j}{j!}$$

$x_0=0$ 时为麦克劳林级数。

$$f(x)=\sum_{j=0}^{\infty}f^{(j)}(0)\frac{x^j}{j!}$$

因此，函数 $f(x)$ 可近似为 n 次多项式。

$$f(x)=\sum_{j=0}^{n}f^{(j)}(0)\frac{x^j}{j!}$$

③欧拉公式证明 2

e^{ix} 的麦克劳林级数为：

$$\begin{aligned}e^{ix}&=\sum_{j=0}^{\infty}(e^{ix})^{(j)}(0)\frac{x^j}{j!}\\&=1+ix+\frac{(ix)^2}{2!}+\frac{(ix)^3}{3!}+\frac{(ix)^4}{4!}+\cdots\\&=\left(1-\frac{x^2}{2!}+\frac{x^4}{4!}-\cdots\right)+i\left(x-\frac{x^3}{3!}+\frac{x^5}{5!}-\cdots\right)\end{aligned}$$

$\cos x$ 和 $\sin x$ 的麦克劳林级数为：

$$\begin{aligned}\cos x&=\sum_{j=0}^{\infty}(\cos x)^{(j)}(0)\frac{x^j}{j!}\\&=1-\frac{x^2}{2!}+\frac{x^4}{4!}-\cdots\end{aligned}$$

$$\begin{aligned}\sin x&=\sum_{j=0}^{\infty}(\sin x)^{(j)}(0)\frac{x^j}{j!}\\&=x-\frac{x^3}{3!}+\frac{x^5}{5!}-\cdots\end{aligned}$$

因此，

$$e^{ix}=\cos x+i\sin x$$

同样，$e^{-ix}=\cos x-i\sin x$ 成立。

欧拉公式中 e^{ix} 为实部 $\cos x$ 和虚部 $\sin x$ 组成的复数（附图 1.1）。

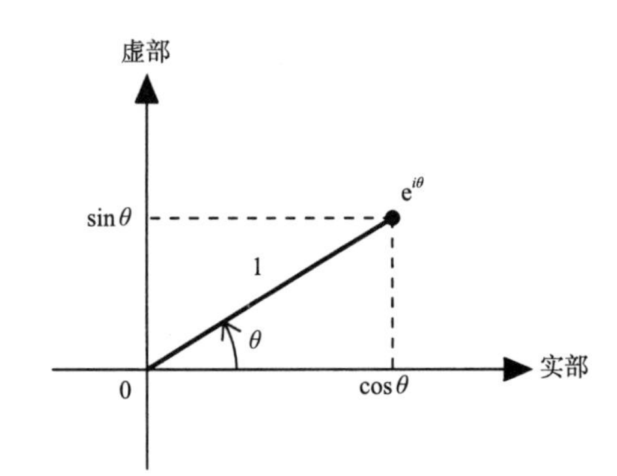

附图 1.1

1.2 调和函数的合成

相同频率、不同幅度时调和函数的合成

① $x(t)=A_1\cos\omega t+A_2\sin\omega t$

$x(t)=A\cos(\omega t+\phi)$

式中，$A=\sqrt{A_1{}^2+A_2{}^2}$

$$\phi=\tan^{-1}\left(-\frac{A_1}{A_2}\right) \text{或} \tan\phi=-\frac{A_1}{A_2}$$

② $x(t)=A_1\cos(\omega t+\phi_1)+A_2\sin(\omega t+\phi_2)$

$$\begin{aligned}x(t)&=A_1\cos(\omega t+\phi_1)+A_2\sin(\omega t+\phi_2)\\&=A_1(\cos\omega t\cos\phi_1+\sin\omega t\sin\phi_1)\\&\quad+A_2(\sin\omega t\cos\phi_2+\cos\omega t\sin\phi_2)\\&=(A_1\cos\phi_1+A_2\sin\phi_2)\cos\omega t\\&\quad+(-A_1\sin\phi_1+A_2\cos\phi_2)\sin\omega t\end{aligned}$$

$x(t)=A\cos(\omega t+\phi)$

式中，$A=\sqrt{(A_1\cos\phi_1+A_2\sin\phi_2)^2+(-A_1\sin\phi_1+A_2\cos\phi_2)^2}$

$$\phi=\tan^{-1}\left(-\frac{-A_1\sin\phi_1+A_2\cos\phi_2}{A_1\cos\phi_1+A_2\sin\phi_2}\right)$$

③ $x(t)=A_1\sin(\omega t+\phi_1)+A_2\sin(\omega t+\phi_2)$

$$\begin{aligned}x(t)&=A_1\sin(\omega t+\phi_1)+A_2\sin(\omega t+\phi_2)\\&=A_1(\sin\omega t\cos\phi_1+\cos\omega t\sin\phi_1)\\&\quad+A_2(\sin\omega t\cos\phi_2+\cos\omega t\sin\phi_2)\\&=(A_1\sin\phi_1+A_2\sin\phi_2)\cos\omega t\\&\quad+(A_1\cos\phi_1+A_2\cos\phi_2)\sin\omega t\end{aligned}$$

$x(t)=A\sin(\omega t+\phi)$

式中，$A=\sqrt{(A_1\sin\phi_1+A_2\sin\phi_2)^2+(A_1\cos\phi_1+A_2\cos\phi_2)^2}$

$$\phi=\tan^{-1}\left(\frac{A_1\sin\phi_1+A_2\sin\phi_2}{A_1\cos\phi_1+A_2\cos\phi_2}\right)$$

1.3 泰勒展开函数的近似方法

在附图 1.2 中，预测 $t=t+\Delta t$ 时的函数值，其中 $t=t$ 处的函数值 $f(t)$ 已知。

$$f(t+\Delta t)=f(t)+\int_t^{t+\Delta t}\dot{f}(\tau)\,\mathrm{d}\tau$$

当部分积分顺序应用于右侧的积分项时，

$$f(t+\Delta t)=f(t)+\frac{\Delta t}{1!}\dot{f}(t)+\int_t^{vt+\Delta t}(tz+\Delta t-\tau)\ddot{f}(\tau)\,\mathrm{d}\tau$$

另外，重复两个项的积分，

$$f(t+\Delta t)=f(t)+\frac{\Delta t}{1!}\dot{f}(t)+\frac{(\Delta t)^2}{2!}\ddot{f}(t)+\int_t^{t+\Delta t}(t+\Delta t-\tau)\ddot{f}(\tau)\,\mathrm{d}\tau$$

最后可得：

$$f(t+\Delta t)=f(t)+\frac{\Delta t}{1!}\dot{f}(t)+\frac{(\Delta t)^2}{2!}\ddot{f}(t)+\frac{(\Delta t)^3}{3!}+\cdots=\sum_{k=0}^{\infty}\frac{(\Delta t)^k}{k!}f^{(k)}(t)$$

这被称为泰勒展开的近似函数。

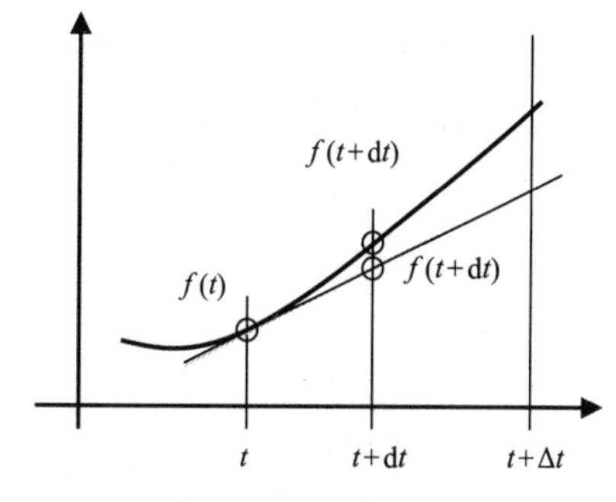

附图 1.2 函数的近似

附录 2
振动解析程序

附录中的振动解析程序由工学院大学建筑学院久田研究室（制作者：川名清三）创建，版权属于该研究室和创作者。我们创作程序，但不保证其内容和结果。虽然对该程序的重新分配等使用没有特别的限制，但是如果由于该程序导致了损失等，我们实验室不承担任何责任。

我们将解释如何使用单层建筑（1 自由度模型）和双层建筑（2 自由度模型）的线性加速方法的振动分析程序。该程序可以从 Asakura 商店的主页（http://www.asakura.co.jp/）下载并使用。

2.1 单层建筑物的振动解析程序

2.1.1 屏幕输入数据

激活单层建筑物（单质量剪切系统模型）的振动解析程序（1_Mass Simulation.exe），参照如附图 2.1 所示屏幕中的输入数据。左列是初始设定界面，模型的弹簧刚度（kN/cm），质量（kg），阻尼常数（%），时程分析的分割时间（s）和分析时间（s）等输入数据。

右列是外力设定界面，可以从初始位移（cm），初始速度（cm/s），定常波（加速度），定常波（位移）和地震波中设定。

a）初始位移（cm）：提供初始位移值并设置自由振动。选择此项时，初始速度假定为 0。

b）初始速度（cm/s）：给出初始速度值并设定自由振动。选择此项时，假定初始位移为 0。

c）定常波（加速度）：设置根据定常波（正弦波）性质输入的地面加速度波。输入定常波的周期和幅度值（最大值，gal=cm/s^2）。

d）定常波（位移）：设置根据定常波（正弦波）性质输入的地面位移波。输入定常波的周期和幅度值（最大值，cm）。

e）地震波：通过输入地震等设定任意地面运动加速度波。从右侧的地震波选择按钮指定地震加速度波。

f）地震波选择：通过地震波等指定任意运动加速度波的输入数据文件（附图 2.2）。

如附图 2.2（右）所示，输入数据的格式是，第 1 行是加速度的时程数据（除法时间），第 2 行和后续行是加速度。时间步长在初始设置屏幕上显示为分割时间。分析时间保持在初始设置。

解释输入数据屏幕底部的每个按钮的功能。

a）显示自然周期：计算并显示自然周期。

b）开始分析：开始分析。当检查运动图像的显示功能时，检查运动图像显示屏幕。

c）选择保存目标：完成分析后，指定要写出

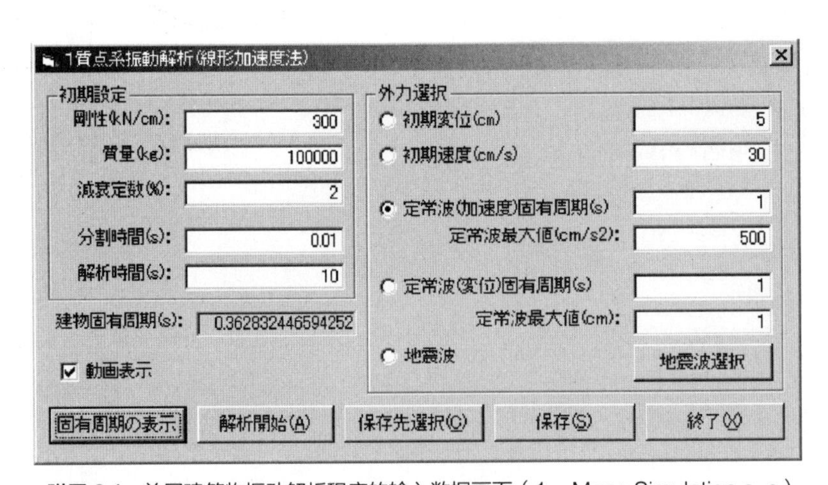

附图 2.1　单层建筑物振动解析程序的输入数据画面（1 _ Mass Simulation.exe）

数据的文件。期望扩展名为“.csv”。例如，如果文件名是 test.csv，则输出数据为

test.csv（建筑参数）.csv

test.csv（时程响应）.csv

导出两个数据。在前一种情况下，写入建筑物的刚度和质量，阻尼常数和自然周期。在后者中，以 csv 格式输出时间（s），输入加速度（cm/s^2），响应加速度（cm/s^2），响应速度（cm/s），响应位移（cm）的每个数据。

d）保存：使用上述保存目标选择中指定的文件名保存分析数据。

e）终止：终止程序。

2.1.2 视频显示屏

如果在数据输入屏幕上检查运动图像显示，则在执行分析时，将附图 2.3 中所示的运动图像显示屏幕上。在左栏中，输入加速度，响应加速度，响应速度和响应位移从顶部开始从上至下依次排列。在右侧，显示建筑物的振动动画，当前分析时间的输入加速度，响应值的最大值和最小值。

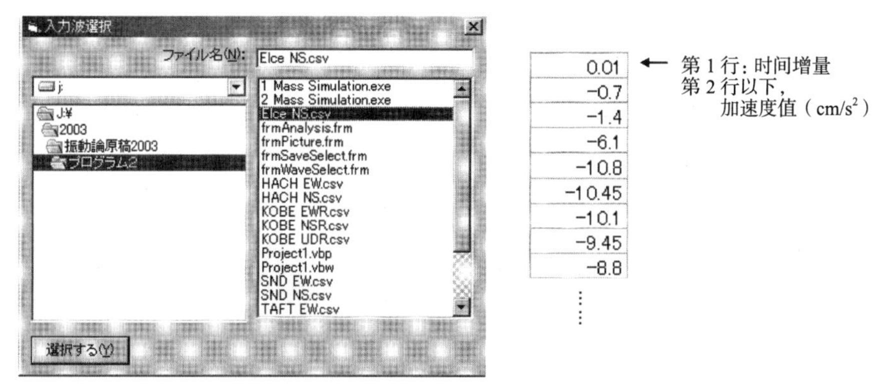

附图 2.2 选择输入波屏幕（左）和地震波数据（右：加速度波形）的示例。在选择输入屏幕上，指定地震波数据文件（图中 El Centro 波示例中的 csv 格式文件）。在地震波数据格式中，第 1 行是时间的增量（在该示例中为 0.01s），并且加速度的时间示例数据值包括在第 2 行和后续行中

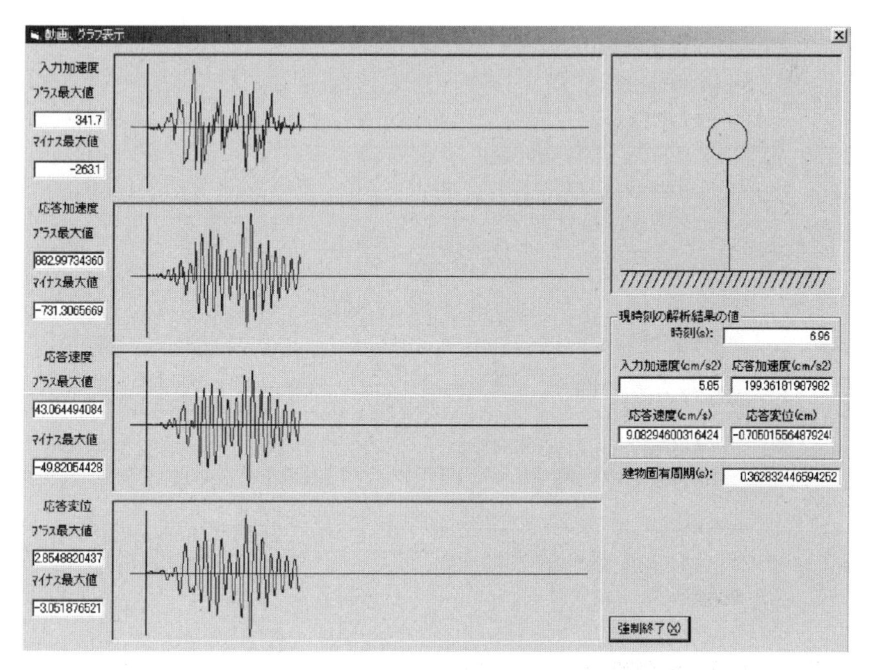

附图 2.3 单层建筑振动解析程序的动态图像

2.2 双层建筑物的振动解析程序

2.2.1 数据输入屏幕

当启动双层建筑的振动解析程序（2-Mass Simulation-exe）时，显示在附图 2.4 中的输入数据屏幕上，左上角是初始设置屏幕，1 层和 2 层弹簧刚度（kN/cm），质量（kg），1 阶和 2 阶振型的阻尼常数（%），设定时程解析用的分割时间（s）和解析时间（s）的数据。对于默认初始值，主要设置本书第 3 章中的例题 3.1 ~示例 3.3 的值。

左列中的第二行是选择两侧的外力。可以选择初始位移（cm），初始速度（cm/s），定常波（加速度），定常波（位移），地震波。

a）初始位移（cm）：给出第一层和第二层的初始位移值，并设置自由振动。选择此项时，初始速度假定为 0。

b）初始速度（cm/s）：给出第一层和第二层的初始速度值并设置自由振动。选择此项时，假定初始位移为 0。

c）定常波（加速度）：设置根据定常波（正弦波）性质输入的地面加速度波。输入定常波的周期和幅度值（最大值，gal=cm/s^2）。

d）定常波（位移）：设置根据定常波（正弦波）性质输入的地面位移波。输入定常波的周期和幅度值（最大值，cm）。

e）地震波：通过输入地震等设定任意地面运动输入加速度波。根据右侧的地震波选择按钮指定地震加速度波。

接下来，将解释右侧每个按钮的功能。

a）显示自然周期：计算 1 阶和 2 阶自然周期并在下层显示。

b）选择地震波：通过输入地震波，指定任意运动加速度波的输入数据文件。输入数据屏幕和数据格式与附图 2.2 中的单层构建完全相同。是第一行需要输入的数据是时程数据（分割时间），第二行和后续行是加速度的时程数据。时间步长

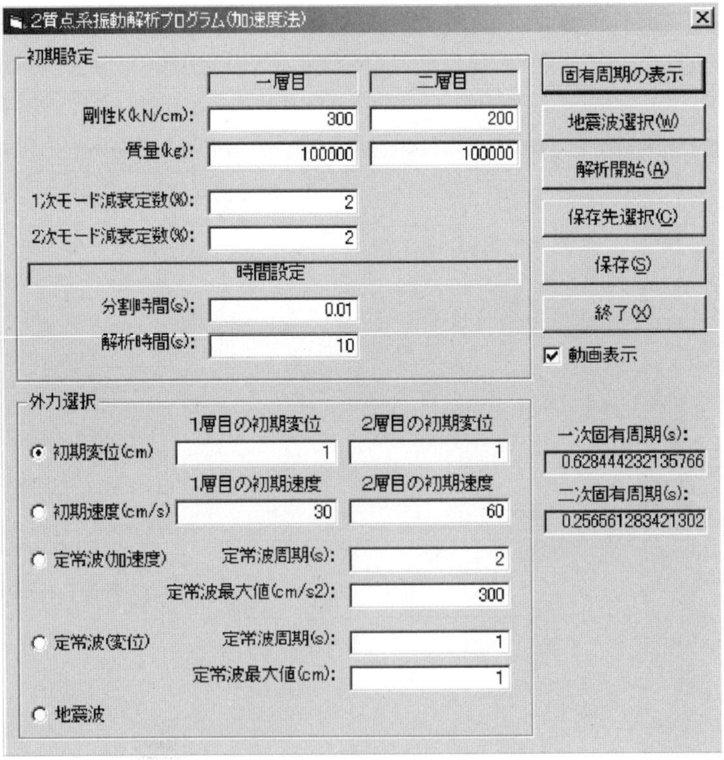

附图 2.4 2 层建筑物的振动解析程序（2-Mass Simu-lation.exe）的输入数据画面

在初始设置屏幕上显示为分割时间。分析时间保持在初始设置上。

c）分析开始：开始分析。当检查下面的运动图像时，屏幕转移到运动图像显示屏幕上。

d）选择保存目标：完成分析后，指定要写入数据的文件。期望扩展名为“.csv”。例如，如果文件名是 test.csv，则输出数据为

test.csv（建筑参数）.csv

test.csv（时程响应）.csv

导出两个数据。前者是第一层、第二层的刚性和质量，1 阶、2 阶振型的阻尼常数和固有周期。后者是时刻（s）、输入加速度（cm/s^2）、响应加速度（下层）（cm/s^2）、响应速度（下层）（cm/s）、响应位移（下层）（cm）、响应加速度（上层）（cm/s^2）、响应速度（上层）（cm/s）、响应位移（上层）（cm）等数据以 csv 形式输出。

e）保存：使用上述选择的保持目标中指定的文件名保存分析数据。

f）终止：终止程序。

2.2.2 视频显示屏

如果在数据输入屏幕上检查运动显示图像时，则在执行分析时，将附图 2.5 所示的运动图像显示屏幕上。在左侧，输入加速度、响应加速度、响应速度、响应位移从顶部开始按从上到下的顺序显示。响应波形的第一层是蓝色，第二层是红色。在右栏显示的是双层建筑物的动画，分析当前时间的最大时间，输入加速度，显示响应值的最大最小值。

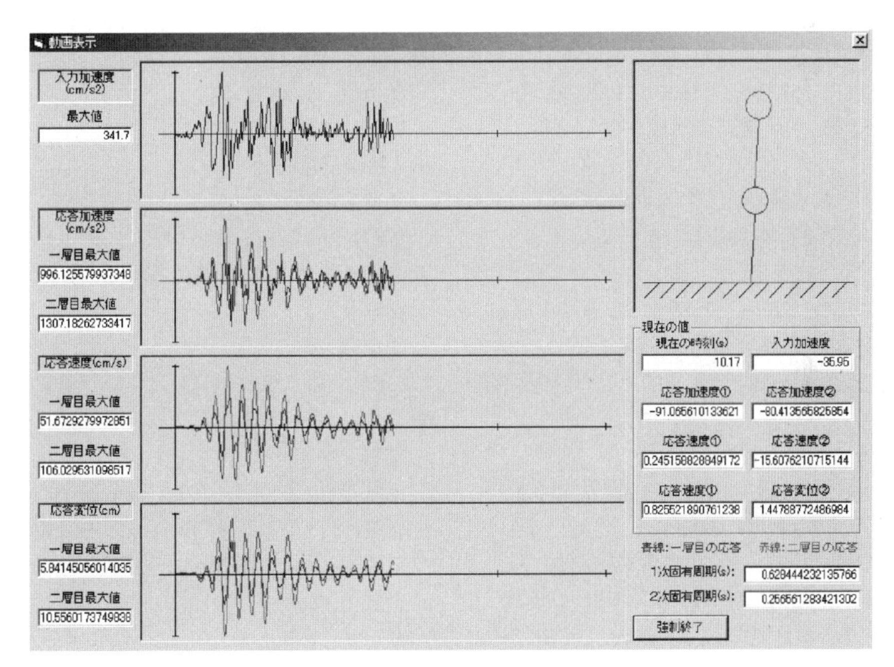

附图 2.5 双层建筑振动解析程序的动态图像

相关图书介绍

●《国外建筑设计案例精选——生态房屋设计》(中英德文对照)
[德]芭芭拉·林茨 著
ISBN 978-7-112-16828-6(25606)32开 85元

●《国外建筑设计案例精选——色彩设计》(中英德文对照)
[德]芭芭拉·林茨 著
ISBN 978-7-112-16827-9(25607)32开 85元

●《国外建筑设计案例精选——水与建筑设计》(中英德文对照)
[德]约阿希姆·菲舍尔 著
ISBN 978-7-112-16826-2(25608)32开 85元

●《国外建筑设计案例精选——玻璃的妙用》(中英德文对照)
[德]芭芭拉·林茨 著
ISBN 978-7-112-16825-5(25609)32开 85元

●《低碳绿色建筑:从政策到经济成本效益分析》
叶祖达 著
ISBN 978-7-112-14644-4(22708)16开 168元

●《中国绿色建筑技术经济成本效益分析》
叶祖达 李宏军 宋凌 著
ISBN 978-7-112-15200-1(23296)32开 25元

●《第十一届中国城市住宅研讨会文集——绿色·低碳:新型城镇化下的可持续人居环境建设》
邹经宇 李秉仁 等 编著
ISBN 978-7-112-18253-4(27509)16开 200元

●《国际工业产品生态设计100例》
[意]西尔维娅·巴尔贝罗 布鲁内拉·科佐 著
ISBN 978-7-112-13645-2(21400)16开 198元

●《中国绿色生态城区规划建设:碳排放评估方法、数据、评价指南》
叶祖达 王静懿 著
ISBN 978-7-112-17901-5(27168)32开 58元

●《第十二届全国建筑物理学术会议 绿色、低碳、宜居》
中国建筑学会建筑物理分会 等 著
ISBN 978-7-112-19935-8(29403)16开 120元

●《国际城市规划读本1》
《国际城市规划》编辑部 著
ISBN 978-7-112-16698-5(25507)16开 115元

●《国际城市规划读本2》
《国际城市规划》编辑部 著
ISBN 978-7-112-16816-5(25591)16开 100元

●《城市感知 城市场所隐藏的维度》
韩西丽 [瑞典]彼得·斯约斯特洛姆 著
ISBN 978-7-112-18365-5(27619)20开 125元

●《理性应对城市空间增长——基于区位理论的城市空间扩展模拟研究》
石坚 著
ISBN 978-7-112-16815-6(25593)16开 46元

●《完美家装必修的68堂课》
汤留泉 等 编著
ISBN 978-7-112-15042-7(23177)32开 30元

●《装修行业解密手册》
汤留泉 著
ISBN 978-7-112-18403-3(27660)16开 49元

●《家装材料选购与施工指南系列——铺装与胶凝材料》
胡爱萍 编著
ISBN 978-7-112-16814-9(25611)32开 30元

●《家装材料选购与施工指南系列——基础与水电材料》
王红英 编著
ISBN 978-7-112-16549-0(25294)32开 30元

●《家装材料选购与施工指南系列——木质与构造材料》
汤留泉 编著
ISBN 978-7-112-16550-6(25293)32开 30元

●《家装材料选购与施工指南系列——涂饰与安装材料》
余飞 编著
ISBN 978-7-112-16813-2(25610)32开 30元